国家国际科技合作专项（2015DFA71150）资助

肉品品质安全高光谱成像检测技术及应用

孙大文　成军虎　著

科学出版社

北 京

内 容 简 介

本书阐述高光谱成像检测技术作为一种快速、无损、非接触、客观的检测手段在肉品品质安全检测及控制领域的应用，涉及计算机科学、数学、机械自动化科学、分析化学与食品科学等多学科的交叉，借助化学计量学分析和编程以及图像处理算法等技术重点研究了高光谱成像系统特点和数据处理分析方法以及该技术在肉品品质感官分析、物理特性、化学特性、微生物污染以及食品快速分级等方面的应用。

本书主要研究内容均来自作者及研究团队长期的研究成果，所列的检测技术是一种平台技术，不仅可用于肉品品质安全的快速无损检测，也可为食品和农产品等农业领域中其他非食用产品的检测提供参考，具有鲜明的特征和实用性。

本书适合于从事食品科学与分析检测、光谱学分析、智能化控制、光学成像系统优化相关的科研、教学、开发和生产管理等方面的工作人员，也可作为高等院校食品品质安全检测技术研究、光学成像分析、肉品加工及质量安全控制等相关专业的教师、研究生、本科生的参考书，同时也可供从事现代成像设备生产、销售、技术操作的人员参考。

图书在版编目（CIP）数据

肉品品质安全高光谱成像检测技术及应用/孙大文，成军虎著. —北京：科学出版社，2018.2
　　ISBN 978-7-03-056544-0

　　Ⅰ. ①肉⋯　Ⅱ. ①孙⋯ ②成⋯　Ⅲ. ①肉制品–食品–安全–光电检测　Ⅳ. ①TS201.6

中国版本图书馆 CIP 数据核字(2018)第 025808 号

责任编辑：李秀伟 / 责任校对：郑金红
责任印制：赵　博 / 封面设计：北京铭轩堂广告设计有限公司

科学出版社 出版
北京东黄城根北街 16 号
邮政编码：100717
http://www.sciencep.com
北京凌奇印刷有限责任公司印刷
科学出版社发行　　各地新华书店经销

*

2018 年 2 月第 一 版　　开本：B5（720×1000）
2019 年 8 月第二次印刷　　印张：12
字数：240 000

定价：108.00 元
（如有印装质量问题，我社负责调换）

序　言

　　肉品品质安全高光谱成像检测技术是计算机科学、数学、自动化科学、化学与食品科学等多学科交叉及互相渗透的一种食品品质安全无损快速客观监控新型技术，在现代食品安全及食品工业化进程中处于重要的应用地位，尤其是这种技术的无损性、快速性、准确性、非接触性，逐渐在食品加工生产企业和科研院所得到开发与研究。本书的重点研究内容主要涉及高光谱成像系统的特点和高光谱图像大数据处理方法，以及高光谱成像技术在肉品品质感官评价、物理特性检测、化学特性分析、微生物污染以及食品快速分级等方面的应用。近年来，随着食品工业科技的迅速发展、食品加工的范围和深度不断扩展以及消费者对食品安全的要求越来越高，对先进的食品科学技术的需求和依赖与日俱增。肉品品质安全与消费者每天的饮食健康有着直接的对应关系，因此，开展肉品品质安全高光谱成像检测新技术的研究工作，符合国家重点支持发展的方向，是集成国内外先进技术实现肉品从单纯产量到质量安全效益转变的重大迫切需要，是完善肉品安全标准体系提升自主创新和集成创新能力的需要，是提升肉品国际竞争力的需要。

　　本书是根据国家食品安全检测新技术要求与研究的实际需要，结合作者近十年在本领域的研究成果，撰写了高光谱成像检测技术在肉品品质安全分析方面的应用。本书中所涉及的肉品是指大类，主要包括畜禽肉品和水产品。本书撰写时为避免与食品安全相关检测技术的研究内容重复，有些内容没有详细论述，读者可参阅相关书籍。本书在撰写过程中得到了华南理工大学的大力支持和积极配合，以及加拿大曼尼托巴大学 Digvir S. Jayas 教授、西班牙瓦伦西亚农业科学研究中心 José Blasco-Ivars 教授、比利时鲁汶大学 Bart M. Nicolaï 教授和国家"青年千人计划"浙江大学岑海燕教授的帮助，也得到了科学出版社的支持。同时，本书得到了华南理工大学现代食品工程研究中心的蒲洪彬博士、朱志伟博士等的审阅与校正，以及谢安国博士、杨艺超博士、代琼、熊振杰等科研工作者的协助。本书撰写力求做到新颖、系统、先进，但限于作者水平，书中内容可能会有疏漏和不妥之处，敬请学界同仁批评指正。

孙大文

2017 年 10 月于华南理工大学

目　　录

第1章 绪 论

1.1 肉品品质安全现状

　　食品质量与安全问题关系着每个消费者的饮食健康与切身利益，已经成为世界各国普遍关注的公共安全问题，在我国已达到国家战略高度。食品安全是重大的民生问题，习近平总书记指出"能不能在食品安全上给老百姓一个满意的交代，是对我们执政能力的重大考验"；党的十八届四中全会提出全面推进依法治国的宏伟蓝图，推进食品安全法治化，提升食品安全治理水平也是其中一项重要的任务；党的十八届五中全会公报提出"推进健康中国建设，实施食品安全战略"。在国家治理体系现代化进程中，保障国民健康素质，确保舌尖上的安全，为民众生活提供安全是政府的基本义务。同时，2016 年中央一号文件指出，实施食品安全战略，开展农村食品安全治理行动，把保障农产品质量和食品安全作为衡量党政领导班子政绩的重要考核指标。食品安全事关人民大众身体健康与生命安全。肉品品质安全是食品安全监管的重要方面。尤其是近几年在肉品安全方面出现的食品安全问题如病死鸡、假劣掺假牛肉、毒鸡爪、注水猪肉、病死猪肉等畜牧家禽肉以及毒河蟹、问题甲鱼、河蚬污染和因氯霉素、孔雀石绿、硝基呋喃类代谢物、甲醛等的残留超标引起的水产品品质安全事件都会引起消费者的恐慌和影响身体健康。

　　对于消费者来说，肉类食品是日常生活中不可缺少的重要食品来源。根据国家统计局公布的相关统计数据表明，2014 年我国全年肉类总产量为 8707 万 t，比上年增长 2.0%，其中猪肉的产量达到了 5671 万 t，比上年增加了 3.2%。随着时间的变迁，我国居民对肉类的消费总体呈增长趋势，且增长速度较快，人均消费从 1990 年的 15.93 kg 增长到 2012 年的 28.63 kg，增长幅度高达 79.7%；另外，在我国水产品产量方面，据 2013 年国家统计局官方数据显示，水产品总产量为 6172.01 万 t，海水产品产量为 3138.83 万 t，鱼类海水产品产量为 1119.32 万 t；淡水产品产量为 3033.18 万 t，鱼类淡水产品产量为 2647.85 万 t，占淡水产品产量的 87.30%。由此看来，肉类品质安全，尤其是猪肉和鱼肉品质安全关乎全国人民的身体健康，是关系国计民生的大事。实际上，近年来随着居民收入水平的提高和消费观念的转换，居民对肉类的消费正从追求量的满足转向追求质的提高。肉类含有丰富的营养物质，是居民膳食结构的重要组成部分，它能够提供人体所需的脂肪、蛋白质、维生素、无机盐以及重要的矿物质[1]。肉类蛋白质能补充植物性蛋白质氨基酸的缺陷,为人体提供优良的蛋白质;肉类脂肪是脂溶性维生素的载体,也是人体能量的重要来源;肉类含有蔬菜水果无法替代的维生素 B_1、维生素 B_2、维生素 B_{12}、叶酸和尼克酸等 B 族维生素以及锌、铁等矿物质。国家"平衡膳食宝塔"明确指出,每人每天应该摄入 125~225 g 动物性食品,其中包括畜禽肉 50~75 g[2]。对于水产品而言,鱼类是水产品的重要组成部分。鱼肉味道鲜美,且营养物质含量高,尤其是动物性蛋白质、特殊氨基酸以及具有保健功能的脂肪酸等重要营养因子的来源与供体[3]。其中蛋白质含量为 15%~24%,所含有的多元不饱和 ω-3 脂肪酸,如二十碳五烯酸(eicosapentaenoic acid,EPA,C20:5 n-3)、二十二碳六烯酸(docosahexaenoic acid,DHA,C22:6 n-3)等具有防治心脑血管疾病、降低胆固醇水平和血液稠度以及增强记忆力和思维能力等功效[4],深受广大消费者青睐。另外,生鲜肉是当前肉品消费中最重要的一种产品形式。生鲜肉中的各种营养成分对肉的品质有重大的影响。肌内水分含量、分布及其持水性关系到肉的品质和风味,脂肪的多少及脂肪酸的组成直接影响肉的嫩度和多汁性。食用品质是肉品最重要的品质指标之一,直接影响生鲜肉的商品价值,人们大都从嫩度、色泽、大理石花纹、风味、多汁性等几个方面进行评价[5]。生鲜肉的肉色鲜红、质地鲜嫩、大理石纹状俱佳、脂肪白色而有光泽、味道鲜美,有很高的食用价值。嫩度是指肉在食用时口感的老嫩,反映了肉的质地,由肌肉中各种蛋白质结构决定,是消费者评判肉质优劣的最常用指标。肉的风味包括滋味和气味,其强弱与氨基酸、脂肪酸等物质的组成有关;多汁性与肉中脂肪含量和水分含量有关;大理石花纹是一切肌肉范围内可见的肌肉脂肪的分布情况,是确定肉类尤其是牛肉质量等级的主要指标。肉的保水性(系水力、系水性)是指肌肉组织保持水分的能力,是一项重要的生鲜肉加工品质指标[6]。它不仅影响肉的颜色、香气、嫩度、多汁性、营养成分等食用品质,而且具有重要的经济意义。如果生鲜肉保水性能差,那么从畜体屠宰后到肉被加工前这一段过程中,肉因为失水而重量减少,从而造成一定的经济损失。

然而,随着经济的发展,人民的消费水平逐步提高,消费者对肉品的需求量也越来越大,并且我国是肉制品第一生产大国。民以食为天,食以安为先,我国肉类产品的安全状况却与我国产肉大国的情况不相称,与人们的需求背道而驰。越来越多的食品安全问题引起了人们的广泛关注,也引发了人们对食品安全状况的担忧。

众所周知,肉品是易遭受微生物污染的易腐性食品,对其品质监控和安全检测显得尤为重要[7]。品质安全是肉品安全的一个重要衡量指标,直接影响最终产品的质量与消费[8]。肉的品质安全,包括肉的腐败和酸败程度、致病微生物及其毒素含量、药物农药重金属残留等。影响肉品品质安全的因素很多,包括饲喂过程使用的抗生素残留，屠宰加工运输中的污染，微生物感染，违规使用食品添加剂，人为添加有害物质，环境中有害物质残留，检测监控手段的落后等[9]，这些因素都会引发肉品品质的安全问题。举例说明，在鱼类屠宰后，鱼体肌肉在外界处理条件下会引发物理变化如色泽、质构、持水率的变化以及在微生物活动和内源酶作用下引起一系列的化学和生物化学变化如脂肪氧化、蛋白质分解以及三磷酸腺苷不断降解，从而引起鱼肉腐败变质而不能食用[10]。另外，鱼肉组织是脆性肌肉组织，不合理的处理方式和储藏条件都能够引起鱼肉物理特性、化学特性和微生物特性的变化，最终影响鱼肉的新鲜度品质[11]。因此，保障肉制品安全，应建立从农场到餐桌全过程的质量控制，要加强养殖环节源头监管，加强屠宰加工企业监管；要建立有法律效力的行业规范和相应的食品安全标准，政府部门严格履行食品安全监督管理职责；要建立完善质量控制体系；要不断提高肉品经营者的素质和消费者的安全意识。本书重点阐述肉品（主要包括畜禽产品及水产品）品质安全的检测监控技术和方法对肉品安全的影响。

　　当前广泛采用的测定和评价肉品品质安全的方法和技术有感官评价法[12,13]，以及实验室常用的化学方法以主要测量生物胺[14-16]、三甲胺[17]、挥发性盐基氮[18]、脂肪氧化[19-21]和 K 值[22,23]来评价肉品的新鲜程度。理化分析方法是利用物理和化学分析的手段对肉品品质进行检测，虽然其测量精度高、结果客观可信，但是会破坏被测样本、步骤烦琐、检测时间长、费用高，具有一定的危害性和污染性。因此，感官评价和理化分析方法均不利于肉类产品流通中的快速检测，需要探索较为适用的无损检测方法。微生物方法采用测量菌落总数[24]或采用酶传感器[25]进行鱼肉新鲜度检测，现有的活细胞计数方法复杂且费时，在鱼肉新鲜度判定中不实用。而正在发展的酶传感器，原料制备烦琐，测试条件苛刻，电极使用时间短。运用气相色谱和气质联用技术[17]能得到精确的数据，但设备昂贵，检测系统复杂。以上的检测方法和技术都不能满足快速无损检测的要求，已经不能满足如今产业发展对检测速度、精度和自动化的要求。

　　随着光学、电学、计算机、图像处理等现代先进技术的不断创新和发展，肉品品质检测技术正朝着快速、准确、实时、无损的方向发展。因此，探寻快速、无损、客观、准确评价肉品品质安全的方法和技术，关系着消费者的切身利益，也对肉品及其制品的运输、储藏及加工过程有着重要的科学意义和应用价值。快速无损检测是在不破坏待测物原始状态、化学性质的前提下，获取待检物品的化学成分、物理品质特性等多项指标的检测方法，具有节约样品材料、成本，不需要对待检物品进行前期破坏等预处理过程，具有检测精度高、速度快、效率高等诸多优点[26]。快速无损检测不仅能够快速、有效检测食品，保证食品质量，也是生产企业和市场监督部门监测产品品质的有利工具。生产企业应用快速无损检测技术，可以保证产品的质量安全，提高生产效率，增加产品价值。市场监管部门通过快速无损检测方法，能够增强对市场肉产品的监管力度，保障消费者权益，保障肉类产业健康发展。近些年来，肉品品质安全的无损检测技术也得到了一定的发展。主要集中在电子鼻技术[9,22]、计算机视觉技术[27]和光谱技术[28]。然而它们也具有自身固有的缺陷和不足。近年来，高光谱成像技术因能同时检测食品的内部品质和外部品质，具有分辨率高、样品无须预处理、操作简便、非破坏性、测试重现性好等特点，成为食品无损检测领域的研究热点，其在肉品品质无损检测中的应用研究也取得了一定的成果。

高光谱成像技术是目前国际食品质量与安全领域新兴起的绿色快速无损检测高新技术，开展肉品品质安全的高光谱检测技术研究，符合国家重点支持发展的方向，是国家发展战略和解决"三农"问题的需要，是集成国内外先进技术、实现肉品从单纯产量到质量安全效益转变的重大迫切需要，是实现现代畜禽和水产养殖业及加工贸易业健康可持续发展的需要，是完善肉品安全标准体系、提升自主创新和集成创新能力的需要，是提升肉品国际竞争力的需要。

1.2　宰后肉品品质特性

猪、牛、羊等畜体及鱼、虾等水产品在屠宰后，在体内组织酶和微生物的作用下，发生一系列复杂的组织学、生理学和生物化学的变化[29]，一般经过僵直、成熟、自溶和腐败 4 个阶段的连续变化[30,31]。肉在僵直和成熟这两个阶段是处于新鲜状态的。在屠宰后几个小时，动物体内的糖原会在缺氧状态降解为乳酸，从而导致 pH 的下降。然后，肌球蛋白和肌动蛋白的不可逆结合可能导致肌肉永久收缩。这个阶段被称为尸僵。在此期间，肉的硬度增大，持水能力下降，风味和食用品质变差。如果继续存放，肉中的蛋白酶可以降解肌肉纤维中的细胞骨架蛋白，肌纤维结构的破坏使肉品得到嫩化[32]（tenderizing）。此外，成熟过程中，蛋白质的降解增加了游离氨基酸含量，磷酸肌酸被分解成肌苷单磷酸（inosine monophosphate，IMP），这些反应使肉的味道和香气大大增强。因此，普遍认为，成熟存放可以改善肉质[33]。当污染生肉的微生物逐渐从外界深入到肌肉组织内部，使肌肉组织逐步发生变质分解，这时候的肉开始进入自溶和腐败两个阶段，肉的腐败变质就发生在肉出现自溶现象以后。肉类的腐败变质是指在环境因素的影响下，尤其是受到微生物的污染，肉类本身的感官性状、物理性质和化学组成发生变化，失去营养价值甚至产生大量对人体有害物质的过程[31]。由于肉本身含有丰富的有机营养物质，再加上在成熟和自溶两个阶段的一些蛋白质分解产物，是腐败微生物在肉中生长繁殖必不可少的营养物质，在其所在环境条件达到一定的适宜状况下，污染肉表面的微生物会大量繁殖，使肉类发生一系列复杂的生化反应，最终导致肉类发生腐败变质。

1.3　肉品安全常规检测技术

1.3.1　感官评价

感官评价是用于唤起、测量、分析和解释产品通过视觉、嗅觉、触觉、味觉和听觉而感知到的产品感官特性的一种科学方法。通俗地讲，就是以"人"为工具，利用科学客观的方法，借助人的眼睛、鼻子、嘴巴、手及耳朵，并结合心理、生理、物理、化学及统计学等学科，从而得出结论，对食品的色、香、味、形、质地、口感等各项指标做出评价的方法[34]。感官评价作为一种传统而有效的工具已经广泛应用于肉品新鲜度的检测和评价。在水产品评价方面，当前普遍采用的感官评价手段如欧盟体系（European union scheme，EU）和质量指标法（quality index method，QIM）已经作为标准方法应用于每一类鱼种的感官测量[35]。然而，EU 新鲜度分级体系只能用于整条鱼，一个质量等级中包含不同的感官指标，这会导致感官特性与其他的指标描述不一致。因此，基于 QIM 能够克服 EU 方法的不足，逐渐取代了 EU 这种方法而广泛应用于实验室和企业中。QIM 采用缺点评分体系，根据鱼的外表、眼睛、肌肉、鳃、腹部、肛门等指标进行评分，每个指标分配 0～3 分，0 分代表最新鲜，3 分表示已经腐败变质，产生让人不能接受的异味。综合所有指标的得分从而评价鱼肉的新鲜度，进而判断鱼肉的货架期。Zyurt 等利用 QIM 描述了红鲣鱼和绯鲵鲣鱼在冰藏过程中的货架期，结果表明感官的可接受度和它们的货架期分别为 8 天和 11 天[36]。Kyrana 和 Lougovois 报道了通过鱼鳃气味的变化来预测生鱼片的货架期，研究表明冰藏不能超过 16 天，烹饪过的鱼肉可以维持 18～19 天[13]。基于这些研究，明显证实感官评价是一种很重要的用来评价鱼肉或者鱼片新鲜度的方法，它尽可能最大限度地表达为消费者感知的指标特性，能够帮助消费者判定鱼肉的新鲜程度，但是这种多人参与的感官评价方法，测量结果主观性强，个体差异较大，另外对鱼肉初期腐败特征的判定误差较大[37]，只有肉品深度腐败时才会被检测察觉，且不能准确表示腐败变质产物的客观评价指标，因而检测结果容易出现判定误差，存在结果不量化的缺点。另外，检测时要求光线充足明亮、空气清新、无挥发性气味干扰，只有经验丰富且训练有素的人员才可胜任操作，结果易受到个人经验、性别、精神状态、身体状况、地域环境等因素的干扰而改变[38]，从而影响评判结果的准确性。

1.3.2　物理方法

（1）色泽。色泽是反映肉品品质变化的一个重要物理指标。随着储藏时间的延长，冷却肉的色泽、气味、质地等外在的感官品质相应降低，肉表面会产生明显的感官变化。微生物在肉表面大量繁殖后，会使肉表面产生黏液，出现拉丝现象，并发出难闻的臭味[31]。其中，色泽的变化最为显著，一般会经历 3 个阶段的变化。第一阶段，分割肉在空气中暴露 15～50 min 后，空气中的氧与肉表面的肌红蛋白结合生成使肉呈现鲜红色泽的氧合肌红蛋白，在较低的储藏温度下，冷却肉的肉色鲜红并能够保持较长时间[31]。第二阶段，当肉继续暴露在空气中，表面水分逐渐蒸发而使得肉表面变得干燥，此时空气中的氧气就无法再进入到肌肉组织内部。肌肉中所含的二价铁离子被氧化为三价铁离子，细菌的不断繁殖促进高铁肌红蛋白形成，肉的颜色变为褐色，此时肉开始腐败变质[31]。第三阶段，随着温度湿度的变化，微生物增殖，褐色变为绿色时，此时肉已经完全腐败变质[39]。当前，色泽的测定主要借助色差仪，通过对色差仪显示的示数变化来判定肉品的品质。色差仪参数的界定标准主要来源于 CIELab 颜色系统表征三色光的色泽参数指标 $L*$、$a*$、$b*$ 以及它们之间的制约参数[40]。然而，这种测量方法受外界条件影响较大，如储藏方式和温度，测量样品的厚度以及肌肉化合物的分布均匀性等。

（2）质构。质构也是反映肉品品质变化的一个重要物理指标。肉品的质地构造与肌肉内在的固有因素有关，如肌纤维的密度、脂肪含量和胶原质含量等[41]，也与年龄、种类、喂养环境等有很大关系[42]。例如，在鱼体死后，细胞自溶以及微生物作用使得鱼肉变软，失去弹性。另外，嫩度是评价牛肉品质很重要的质构参数。客观的方法是用仪器测量牛肉剪切力值，常用剪切力法、扭曲法、压缩法、穿透法等[43]。目前，国际通用的方法是剪切力法，是美国肉类协会制定的肉类剪切力测定标准，使用带有 Warner-Bratzler 剪切附件的质构仪，以一定的速度沿着与肌肉纤维垂直的方向，剪切牛肉样本，在剪切过程中测量的最大剪切力为该样本的嫩度值。剪切力法破坏肉样本，测量需要较长时间，不适合商业化鲜肉的分级。

在冰冻储藏条件下，肌肉的质地会发生变化，包括水分散失、肌肉纤维蛋白变性，最终使得样品干硬[44]。质构仪是对感官评价的直接延伸，可以衡量鱼和鱼片在外加力作用下的变形和弯曲程度。在测量过程中，通过持续施加外力来测量样品的弹性和回复度。质构仪可以配有很多不同的配件以适用不同类型的分析。在某些情况下，鱼的组织测量方法同感官分析方法之间有较好的线性关系[45]。质构仪可以从嫩度、硬度、脆性、黏性、弹性、咀嚼性、拉伸强度、抗压强度、穿透强度等更多的物性方面对鱼肉进行检测分析[46]，并通过专业的分析软件获得剪切曲线、挤压变形破裂曲线、应力松弛曲线、弹性率松弛曲线、延展曲线等变化曲线，有助于做出更为准确全面的鲜度评价，但由于鱼体质构分布不均匀，给测定带来很大麻烦，导致测量误差较大。

1.3.3　化学方法

（1）pH。肉品蛋白质因腐败变质被分解生成的碱性物质使 pH 比新鲜肉高，且升高幅度及数值在一定范围内反映肉新鲜度。鲜腐过程中 pH 呈现 3 次规律性变动，原因是屠宰后肉组织自身呼吸作用产生酸碱性物质和酶促反应生成小分子物质及微生物污染产生影响 pH 的物质，使得 pH 不能作为判定肉新鲜度的完全指标[47]。例如，鱼肉肌肉组织在储藏期间 pH 通常会先下降后升高。下降的主要原因是在鱼肉腐败初期，糖原酵解以及一些腺苷分解如 ATP 和磷酸降解产生酸性物质造成的[47]；之后又升高的原因主要在于微生物活动的作用导致蛋白质降解和部分氨基酸等分解而引起含氮等碱性物质生成造成的[48]。目前 pH 的检测方法有试纸法、比色法、酸度计测定法、快速测定法。在实验室中，酸度计是用来测定 pH 常用的一种方法和手段。然而不同鱼种或同一鱼体的不同部位，其肌肉的 pH 变化不同，因此很难把握测定的准确性[49]。且来自同种类不同个体的样品其 pH 存在较为显著的差异。

（2）挥发性盐基氮。在肉品腐败过程中，挥发性盐基氮（total volatile basic nitrogen，TVB-N）是由于酶和细菌的作用，经过氧化脱氨、还原脱氨、水解脱氨以及脱羧基等方式，使蛋白质分解而产生氨以及胺类等碱性含氮物质，如酪胺、组胺、尸胺、腐胺和色胺等[50]。这些产生的氨及胺类等碱性含氮物质具有挥发性和毒性，被称为挥发性盐基氮。其含量随肉品腐败变质加深而增多，二者有一定的对应关系，从而可反映肉品新鲜度变化，与肉品感官评价一致，因此可作为评价肉品质量的客观参数指标之一。TVB-N 值是国际上普遍采用的评价肉品新鲜度的指标[51]。不同的国家和地区针对不同的鱼种定义的 TVB-N 值的阈值也不尽相同。在中国，根据国家标准 GB2733（2005）的描述，对于海水鱼类，TVB-N 值的极限阈值为 30 mg N/100 g；对于淡水鱼类，通常 TVB-N 值不能超过 20 mg N/100 g。而世界上比较能接受的海水鱼类的 TVB-N 值最大值不能超过 30 mg N/100 g[18]。在鱼肉腐败过程中，随着储藏时间的推进，TVB-N 值会逐渐增大，多种含胺物质聚集起来，同时具有挥发性，可以采用碱液吸收，并采用标准酸溶液进行滴定计算。在实验室通常采用分光光度法、微量扩散法或半微量定氮法[52]。但这些方法存在缺陷，如含氮物质扩散速度慢而耗时长且操作烦琐冗长、氧化镁混悬液易产生沉淀而难以保证吸取浓度一致，且其颗粒易堵塞移液管，使得蒸馏效果不稳定，而反应室内样品液因加热而剧烈沸腾，氧化镁混悬液泡沫污染反应器顶部且难以清洗，易回流至冷凝管使蒸馏失败。

（3）K 值。K 值通常通过三磷酸腺苷（ATP）的降解产物浓度来表示。一般而言，鱼死后，其体内的 ATP 按照以下步骤进行分解：ATP→ ADP→ AMP→IMP→

HxR→Hx。K 值就定义为 HxR 和 Hx 浓度的总和与 ATP 的代谢产物的浓度总和的比值[53]。通常而言，当 K 值小于 20% 时，鱼片处于最佳新鲜程度；当 K 值处于 20% 和 60% 之间时，鱼片仍然具有可食用的价值；当 K 值超过极限阈值 60% 时，鱼肉完全失去食用性和接受性[54]。大量研究表明，K 值是用来表征鱼肉新鲜度品质最为可靠稳健的评价指标[23,55]。然而，K 值的表征是一种间接的计算方式，它需要借助测量一系列与 ATP 降解过程有关的代谢物浓度值。同时，很多外界因素如鱼种、养殖特性、屠宰方法、死后僵直时间、储藏方式与温度都会影响到 ATP 的降解速率，进而制约 K 值计算的准确性。ATP 降解产物的计算通常采用高效液相色谱法，实验过程烦琐复杂，具有成本高、破坏样品、污染环境等弊端，同时它需要专业人员操作并且要求严格控制实验条件。

1.3.4　微生物方法

微生物污染/微生物腐败是评价鱼肉新鲜度的一个关键指标，也是当前食品安全领域必不可少的要检测的卫生指标。通常而言，微生物菌落总数（total viable count，TVC）作为一个传统而又有价值的指标常常用来评价水产品品质的新鲜度。很多国家和组织部门利用 TVC 建立了微生物检测的标准与指南来评价不同储藏条件的鱼肉的新鲜度。这个指标对精确检测鱼肉的新鲜程度和预测剩余货架期方面很有帮助。一般而言，整条活鱼本身就携带有很多微生物，大致含量即 TVC 值为 $10^2 \sim 10^4$ CFU/g[24]。当鱼被屠宰后，肌肉组织会发生较大变化，微生物活动加剧，鱼肉腐败加速，一般 TVC 值达到最大接受限值 10^6 CFU/g 时，鱼肉就失去了食用价值。Özogul 等研究了鳕鱼的货架期并指出，冰藏鳕鱼的货架期为 13～14 天，非冰藏的样品的货架期为 6～7 天，而且基于微生物活动，5 天后鱼肉开始腐败[56]。另外，一些特定的腐败菌如假单胞杆菌、沙门氏菌、含硫细菌等都会产生特定的腐败气味影响产品的质量，通常也可以用它们的具体数量来评价鱼肉的新鲜度[13,22]。然而，通常采用的平板计数法需要等待几天时间才能得到，费时费力，操作步骤烦琐，因此平板计数和其他一些类似的培养方法只能作为常规检测手段用来评价鱼肉的新鲜度。

1.4　肉品安全快速无损检测技术

肉品品质安全快速无损检测技术主要涉及电子鼻/电子舌技术、生物传感器技术、成像技术等，本节重点阐述与高光谱成像技术相关的计算机视觉技术和分子振动光谱技术在肉品品质检测方面的应用。

1.4.1　计算机视觉检测技术

将计算机视觉检测技术应用于肉类质量的检测和分级研究自 20 世纪 90 年代开始有了长足的发展。计算机视觉技术（computer vision，CV），又称为机器视觉技术（machine vision，MV），是指用图像传感器代替人眼获取目标的图像信息，用计算机代替人脑对目标进行识别、跟踪和测量的一种技术。该技术主要通过图像分析方法对物理对象进行有效信息的提取和描述分析[57]。它主要基于计算机硬件和软件执行电子支持的图像视觉任务来提高人类视觉的质量。图 1-1 展示了常见的计算机视觉系统和图像处理方法。其图像分析的基本流程为图像获取、图像预处理、图像分割和图像信息提取等过程。在计算机视觉系统中，光源和色彩空间是形成计算机视觉系统的关键构成部分。光源要在可见光区域振动，这样才能被人眼感知。常用的色彩空间有基于颜色特性的 HSL 空间 [图 1-2（a）]、基于三原色原理的 RGB 空间 [图 1-2（b）] 和基于光学特性的 CIELab 空间 [图 1-2（c）]。

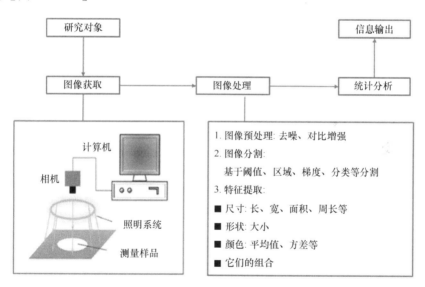

图 1-1　计算机视觉系统及图像处理过程

Figure 1-1　Computer vision system and image processing

图像技术的原理主要是通过图像采集装置获取目标样本的图像，并将图像信息数字化，最后提取目标特征进行各种运算，从而实现物体的外部属性（如大小、形状、颜色、质地和外部缺陷等）的判别和分析[58]。图像技术是光学成像技术、计算机技术、模式识别、人工智能等领域的有机融合体，具有快速、灵活、无损、自动化程度高、清晰度高、抗干扰能力强和可长时间稳定工作等诸多优点[59]。随着计算机等电子硬件成本的降低及不同学科之间的交叉渗透，该技术在肉品品质评价、表面缺陷检测和色彩分级等领域得到越来越广泛的应用[58-60]。

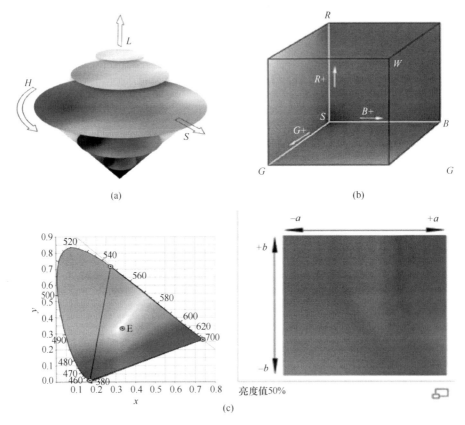

(a)

(b)

(c)

图 1-2　计算机视觉系统色彩空间（另见彩图）

Figure 1-2　Color space of computer vision system

　　计算机视觉技术主要用来检测样本的外部信息，对于肉品而言，主要用来检测其大理石花纹、颜色、嫩度、新鲜度、脂肪含量等指标。Faucitano 等[61]采用计算机视觉技术检测了猪肉肌内脂肪含量以及剪切力值，研究了猪肉图像的大理石花纹特征与猪肉肌内脂肪含量、剪切力之间的相关性。Chandraratne 等[62]通过计算机视觉技术提取了生鲜羊肉表面的纹理特征，并分别建立了羊肉嫩度的线性回归模型、非线性回归模型以及人工神经网络模型。结果表明，神经网络模型预测结果最好，预测决定系数达到 0.75。Jackman 等[63]采集牛背部最长肌图像，分析牛肉颜色和大理石花纹与剪切力的相关关系，分别建立了牛肉嫩度的 PLSR 模型和 MLR 模型，结果表明，PLSR 模型较 MLR 模型有更好的预测效果。Chen 等[64]将计算机视觉技术与支持向量机相结合，有效地预测了牛肉脂肪颜色评价分数，实现了对牛肉的精确分级。Chmiel 等[65]基于计算机视觉技术预测鸡肉的脂肪含量，分别采集了黑背景和绿背景下的鸡腿肉图像，提取与脂肪含量有关的图像特征值与索氏测量法所得值进行相关分析，所得相关系数分别为 0.83 和 0.86。结果表明，采用计算机视觉技术能有效评价鸡肉的脂肪含量。计算机视觉技术在鱼肉品质评价与检测方面也取得了较大的发展，主要包括形态学评价（大小、体积、质量、形状）、物种识别、组织评价、物理特性分析（死后僵直、色泽、硬度），以及化学成分和鱼肉加工过程等方面[66-68]。图像分析主要对鲜鱼和鱼片外观品质进行检测。为获得最好的检测效果，可以采用不同波长的单色光照射样品，利用 CCD 镜头获取样品图像，分析其空间结构的一致性，即测定图像每个点周围显微结构的相似度。通过测定鲜鱼表皮黏液浊度，或是冰冻鱼片表面的肌肉纤维粗糙度来确定鱼肉品质。这种方法适用于对鱼的诸多可视化质量特征，如变形、瘀伤、出血点等进行快速、无损、在线检测，通过提高图像采集精度、缩短采集时间间隔可进一步提高数据的精确度。表 1-1 列举了利用计算机视觉技术来评价鱼肉品质的研究进展。

表 1-1　计算机视觉技术在鱼肉品质评价与检测中的应用

Table 1-1　Application of computer vision for fish quality evaluation and detection

鱼种	分类特点	鱼类特点	检测指标	参考文献
羽鳃鲐	形态学	整条鱼	长度	[69]
金头鲷	形态学	整条鱼和鱼鳍	长度、重量	[70]
鲟鱼	物理特性	鱼片	颜色（$L^*\,a^*\,b^*$）	[71]
罗非鱼	自动加工过程	鱼片	颜色（RGB 和 $L^*\,a^*\,b^*$）	[72]
虹鳟鱼	物理特性	鱼肉饼	颜色（RGB 和 $L^*\,a^*\,b^*$）	[73]
三文鱼	形态学	整条鱼	质量分级	[74]
虹鳟鱼	物理特性	鱼片	死后僵直	[75]
三文鱼	物理特性	鱼片	颜色（RGB 和 $L^*\,a^*\,b^*$）	[76]
三文鱼	形态学	整条鱼	重量、面积	[76]
耳石鱼	形态学	整条鱼	年龄估计	[77]

从国内外目前的研究进展来看，该技术在肉品无损检测中的应用已经比较成熟，但是检测速度和精度在实际应用中还有待提高。当前的主要应用集中在肉品的色泽及形态学等物理特性方面，在评价肉品的含水量、蛋白质含量等内部品质及相关的化学变化等安全信息方面效果不够理想[68]。另外，图像特征，特别是颜色和纹理特征，常用来预测肉品某些关键质量参数。其中，纹理特征是指色调变化的空间分布和一个区域内各像素点灰度级的排列，因此，纹理特征既可以表达样品表面粗糙度，又可以表示样本的质构特性如嫩度，而这两种情况在实际应用中很难区分[68]。此外，当被测样本颜色相近或者有不可见的缺陷时，图像技术显

得束手无策。

1.4.2 光谱学检测技术

光照射在物体表面时，少量发生镜面反射，其余入射光进入物体组织内部，一部分被组织吸收，一部分产生漫反射光，还有一部分继续向前移动发生透射。漫反射或透射是光能量透过物质表层与其微观结构发生相互作用后出现的现象，物质的微观结构依据其化学键的不同运动模式与不同频率的光振动有选择性地发生耦合吸收，形成了测量物质的吸收光谱，物质的吸收光谱反映了物质的丰富的微观信息，近红外光谱蕴含着样品物理化学性质的信息，在光谱和样品理化性质之间建立数学关联，能较容易地获得被测样品的结果[78]。

光谱技术首先通过光谱仪获取目标样本的光谱曲线，结合数据挖掘方法从光谱曲线中提取峰形、峰强、峰的位置及其数目等信息，从而实现目标样本内部成分信息和结构的研究。光谱技术是在光谱学测量的基础上，有机结合化学计量学方法和数据挖掘技术，实现对被测样本的多组分、在线、快速、准确、无损和无污染检测[78]。根据光谱的波长范围，光谱技术可以分为紫外光谱技术、可见光光谱技术、红外光谱技术和可见/近红外光谱技术，如图 1-3 所示，其中可见/近红外光谱（400～2500 nm）技术应用最为广泛。

近红外光谱（near-infrared spectroscopy，NIR）的光谱范围在 780～2500 nm。通常分为两部分，短波近红外光谱（short wave near-infrared spectroscopy，SW-NIR）的光谱范围为 780～1100 nm；长波近红外光谱（long wave near-infrared spectroscopy，LW-NIR）的光谱范围为 1100～2500 nm。在近红外光谱范围内，化合物的基团分子键，如 O—H、C—H、C—O、N—H 等，被此波长范围内的光线照射时，会导致分子键包括拉伸振动和弯曲振动在内两种模式振动能量的改变[79]，引起相关分子中 O—H、C—H、N—H 等基团的伸缩振动在近红外区形成适当强度的倍频、合频吸收谱带。在近红外光谱仪中，这些吸收的能量被转化成对光谱的吸收，表现为特定波长处的吸收峰。由于不同的分子键具有的特征吸收频率在近红外光谱范围内稳定性好，可以作为辨识基团的依据[79]。由于食品的成分以及大多数有机物都由这些基团构成，基团的吸收频谱表征了这些成分的化学结构，因此根据这些基团的近红外吸收频谱出现的位置、吸收强度等信息特征，可以对这些成分做定性定量分析[79]。

近 30 年，随着可见/近红外光谱仪器的不断改进和化学计量学算法的引进，可见/近红外光谱技术被广泛应用于化工、农产品、食品、制药、医学、质量监管和环境保护等领域。基于物质组分的量与其吸收峰强度之间的关系，就可以利用近红外光谱仪对食品成分如水分、脂肪、蛋白质等进行定量分析。在肉品分析方

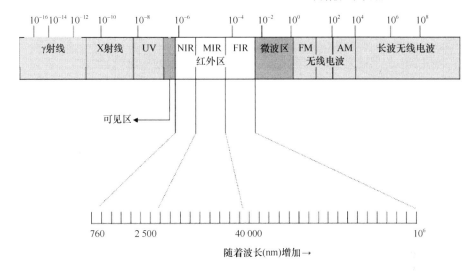

图 1-3　电子波谱波长区间范围分布图

Figure 1-3　Different wavelengths range distribution of electromagnetic spectrum

面，近红外技术是利用肉类中的有机化合物在近红外光谱区内的光学特性快速测定其成分含量和品质特征。该技术广泛应用于肉品的化学成分分析、感官品质评价等方面。其中，可见/近红外光谱技术主要应用于肉品的营养成分（水分、蛋白质、脂肪、维生素、矿物质和碳水化合物等）分析、感官品质（嫩度、色泽、新鲜度、大理石花纹、风味、多汁性等）和加工品质（系水力等）评价、微生物总量监控、蛋白质内部结构研究与新鲜度分级及肉品的品种、产地等方面的鉴定。通过大量研究，发现了与肉品内在成分相关的特征波长，如在 430 nm 附近的由肌红蛋白引起的吸收峰，980 nm、1450 nm 和 1950 nm 处由水分引起的吸收峰；630 nm 处是硫化肌红蛋白吸收的变化、910 nm 处由于蛋白质变性引起的吸收变化等。肌肉成熟过程中蛋白质转化相关的波长主要集中在 400～1100 nm，蛋白质的转化影响肉的颜色，同时蛋白质也是影响肉的嫩度和硬度的内在因素。使用近红外测量牛肉的品质参数时，对颜色、嫩度的测量，以 400～1100 nm 波段效果较好[80]。Liao 等[81]采用近红外光谱技术对生鲜猪肉品质（肌内脂肪、蛋白质、含水量、pH 和剪切力）的在线检测进行了研究，试验采集了 350～1100 nm 的 211 个样本的光谱，经小波消噪及多种预处理方法处理后建立了各指标的 PLSR 模型，结果表明，除了剪切力模型预测效果不理想外（预测决定系数仅为 0.278），其他指标的模型均取得了良好的预测效果（决定系数均大于 0.757）。Guy 等[82]对采用近红外反射光谱预测羊肉脂肪酸含量的可行性进行了评估，采集了 400～2500 nm 的羊背最长肌光谱，比较分析了近红外分析模型对羊肉肉糜与整块生鲜羊肉的预测能力，结果表明，羊肉肉糜的近红外分析模型预测效果较好。Tito 等[83]通过建立三文鱼的近红外光谱和储藏期间微生物数量的模型对预测样本的 TVC 含量进行预测，其相关系数为 0.95，残差平方和为 0.12 log$_{10}$ CFU/g。Sivertsen 等[84]指出可见/近红外光谱不仅能够准确地分开鲜鱼和冻鱼，还能够准确地预测冻藏天数，残差平方和仅为 1.6 天。然而，由于光谱设备检测到的光谱信息是经样本特定区域所反射或透射出的光谱总量，并不包含样品的空间分布信息，因此光谱技术能够准确地测定出与光谱特征相关的成分信息而无法检测样本的成分梯度变化。

肉品的品种、产地鉴定是肉品安全性检测的一个重要内容。Alomar 等[85]采用近红外光谱技术结合偏最小二乘建模方法鉴别不同品种的牛肉，以及同品种不同部位的牛肉，鉴别准确率非常高。Cozzolino 和 Murray[86]采用近红外光谱技术结合主成分分析、偏最小二乘法等化学计量学方法鉴别不同的动物来源肉，鉴别准确率可到 80%。采用近红外光谱技术可实现肉品多品质指标同时检测。Geesink 等[87]采用 1000～2500 nm 的近红外光谱同时检测屠宰两天后的猪肉系水力、剪切力、pH 和颜色指标，建立了各指标的逐步多元线性回归模型和 PLSR 模型，结果表明，系水力、pH 和颜色的模型预测效果良好，但剪切力模型表现为不可用。Prevolnik 等[88]采用近红外光谱技术，结合人工神经网络模型也很好地同时预测了猪肉的 pH、颜色和滴水损失，取得了良好的预测效果。

表 1-2 列举了可见光谱技术和近红外光谱技术结合化学计量学方法在鱼肉品质评价和检测方面的研究进展。近红外光谱技术是目前肉品无损检测中应用最成功、最广泛的技术之一。该技术具有不破坏样本、对人体无害、检测灵敏度高、使用灵活、成本低、易实现自动化检测等优点。国内外研究表明，目前基于近红外光谱技术对肉品营养成分的检测方面的研究较为成熟，市面上已有这方面应用的仪器销售，如丹麦 Foss 公司研发的 FoodScan 系列食品成分快速分析仪。同时，逐步研究使用该技术对肉品品质进行在线无损检测以及研制一些便携式无损检测设备也是新的突破。

1.4.3 高光谱成像检测技术

计算机视觉技术和近红外光谱技术等无损检测方法仅采用单一的检测手段，无法获取多种信息对样本进行综合评价。计算机视觉技术主要用于获取样本外部特征信息，而近红外光谱技术可以获取与内部组分相关的化学信息，但其无法获取样本完整的空间信息，所以它们一般仅对某些检测指标有较好的检测结果。而肉品的品质与多种因素有关，检测时应由多个指标进行综合评定。因此，多种无损检测技术有机融合，充分获取样本多元信息，对肉品进行综合全面的评价是今后研究的热点和发展趋势。高光谱成像技术结合了传统计算机视觉与近红外光谱

表 1-2　光谱技术在鱼肉品质评价与检测中的应用

Table 1-2　Application of spectroscopic technique for fish quality evaluation and detection

鱼种	光谱技术	检测指标	分析方法	R^2	RMSEs	参考文献
大西洋鲑鱼	NIR	菌落总数	PCA、PLSR	0.950	0.120	[83]
青鱼和沙丁鱼	NIR	总蛋白质	PLSR	0.950	14.030	[89]
青鱼和沙丁鱼	NIR	水分	PLSR	0.800	3.520	[89]
青鱼	NIR	脂肪	SW-MLR	0.950	0.800	[90]
大西洋鳕鱼	VIS/NIR	残血量	PCA、PLSR	0.830	—	[91]
鳕鱼片	NIR	新鲜度	PLSR	0.900	3.400	[92]
鲈鱼	NIR	水分	PLSR	0.900	0.670%	[93]
腌制鲑鱼	SW-NIR	盐分含量	ANN	0.700	1.430%	[94]
腌制鲑鱼	SW-NIR	盐分含量	PLSR	0.730	1.370%	[94]
腌制鲑鱼	SW-NIR	水分含量	ANN	0.780	2.080%	[94]
腌制鲑鱼	SW-NIR	水分含量	PLSR	0.800	2.040%	[94]
虹鳟鱼	SW-NIR	菌落总数	PCA、PLSR	0.970	0.380	[95]
熏制鲑鱼	SW-NIR	盐分含量	BPNN	0.820	0.550%	[96]
熏制鲑鱼	SW-NIR	盐分含量	PLSR	0.780	0.630%	[96]
熏制鲑鱼	SW-NIR	水分含量	BPNN	0.950	2.440%	[96]
熏制鲑鱼	SW-NIR	水分含量	PLSR	0.940	2.650	[96]
大西洋鲑鱼	Raman	胡萝卜素含量	PLSR	0.970	0.330	[97]
大西洋鲑鱼	Raman	脂肪含量	PLSR	0.950	15.50	[97]
三文鱼	FT-Raman	碘值	PLSR	0.870	2.500	[98]
鲟鱼	Raman	蛋白质	PLSR	0.980	0.200~0.800	[99]

注: Raman. 拉曼光谱; FT-Raman. 傅里叶拉曼光谱; PCA. principal component analysis, 主成分分析; PLSR. partial least squares regression, 偏最小二乘回归; SW-MLR. 短波中红外; VIS/NIR. Visible and near infrared 可见/近红外; ANN. artificial neural networks, 人工神经网络; BPNN. back propagation neural networks, 反向传播神经网络; R^2. determination coefficient, 决定系数; RMSE. root means square error, 均方根误差, 列表中不考虑 RMSEs 的单位变化

技术的特点, 能同时获取空间信息和光谱信息。该技术是近 20 年发展起来的一种多学科交叉的新兴的检测技术, 它集中了光学、电子学、计算机科学、数理统计、模式识别等领域的先进技术[100]。高光谱成像技术集光谱技术和计算机视觉技术于一体, 能同时检测肉品内部品质和外部特征, 在农产品无损检测领域具有很多其他无损检测方法不可比拟的优势, 近年来成为农产品无损检测领域所采用的热门技术。高光谱数据含有丰富的信息, 检测指标不同, 所选用的信息类型也不同[100]。一般情况下, 样品外部品质的检测常选用高光谱数据的图像信息、内部品质的检测常选用高光谱数据的光谱信息, 内外品质同时检测时常常将图像信息和光谱信

息结合使用。无论选用哪种信息，都需经过一定的数据处理过程才能得出检测结果，但对高光谱数据的图像信息和光谱信息的处理过程不完全相同[100]。

高光谱成像系统可以在肉类生产、屠宰、销售过程中进行品质的快速无损检测，有效保障了产品品质和居民食品安全。基于高光谱成像技术的肉品品质无损检测研究主要包括：对肉品表面污染、表面肿瘤、细菌总数等安全性指标评价；对肉品嫩度、新鲜度、肉色、pH 等感官品质评价；对肉品滴水损失（或系水力）等加工品质检测；对肉品水分、蛋白质、脂肪等营养成分含量检测；对肉品品质分级分类；以及对肉品高光谱检测模型的修正等方面。具体可以归纳为以下几个方面。

1. 肉品化学组成含量与分布的测定

肉品中各组分的含量是衡量肉品营养价值的基础，利用可见/近红外光谱测量肉品中各组分的含量，已经有非常多的报道和应用。例如，刘魁武等[101]采用可见/近红外光谱技术检测了冷鲜猪肉中的脂肪、蛋白质和水分含量，得到了很好的预测效果。同时还有关于羊肉、牛肉类似的研究报道[102]。此外，值得注意的是，传统光谱技术测量食物中某一化学成分的含量，所测得的值是这一样品的平均浓度。然而，事实上，大部分的食物，尤其是肉，其化学成分的分布是不均匀的。例如，测得一块肉所含水分为 70%，并不是这块肉所有局部所含水分都是 70%。有时获知化学成分的分布状况比测量其含量更加重要[103]。而高光谱成像技术提供了空间上每个点的光谱信息，为肉类品质的精细分析提供了可能，实现样品中的化学组分在空间分布的浓度差异分析，并且可以将分布状态的分析结果用图像可视化表达。ElMasry 和 Wold[104]利用可见/近红外光谱（400～1000 nm）成像系统研究了鱼片中水分和脂肪成分的含量和分布，并且比较了同一鱼片中不同部位的水分和脂肪差异，实现了对样品化学组成和空间分布的精细、快速分析。对样品的尽早分类，有利于产品的质量检测与管理。腌渍肉制品时，肉品中的化学组分更加迅速。Liu 等[105]采用高光谱技术，动态地研究了腌制猪肉过程中盐分和水分活度含量变化及其分布，并总结了腌制过程中盐分和水分的变化规律，对盐分和水分的预测精度可以达到 0.930 和 0.914。类似的研究还有 Yoon 等[106]应用光谱成像系统研究腌渍和烟熏沙丁鱼片中脂肪和 NaCl 的分布状况。

2. 对肉品嫩度的快速检测

嫩度对于肉品的口感非常重要，影响着消费者的满意程度，是肉品品质分级中首要的参考因素。实践中，一般将剪切力值作为肉品嫩度的参考。近年来，HSI 已被应用到预测肉品嫩度。Naganathan 等[107]基于剪切力将熟牛排分为柔软、中等和坚硬 3 个嫩度等级，利用可见/近红外光谱（400～1000 nm）和主成分分析（PCA）

方法对牛排切片分级精准度达到了 96.4%。之后，Naganathan 等[108]又采用近红外光谱（900～1700 nm），找出了与脂肪、蛋白质和水分相匹配的若干重要波长（1074 nm、1091 nm、1142 nm、1176 nm、1219 nm、1365 nm、1395 nm、1408 nm 和 1462 nm），应用偏最小二乘回归（PLSR）建模预测，但在这种情况下对嫩度的整体预测准确率只有 77%。Naganathan 等的研究为此后牛肉嫩度的光谱无损检测和应用奠定了良好基础。上述实验都是采用高光谱成像系统的反射光模式，Cluff 等[109]则基于高光谱成像系统（496～1036 nm）的散射光模式，预测熟牛排的嫩度。具体实验方法是，从高光谱图像中提取光散射光谱曲线，并用洛伦兹函数处理，用逐步回归来确定 7 个关键波长和参数——峰高、半高峰宽度和半高峰周围的斜率，建立模型预测牛排嫩度的相关性为 $R=0.67$。该实验提醒了研究者采用高光谱散射模式时，需要注意样品与光源高度和角度变化对散射光值的影响。国内外其他学者对肉品嫩度的快速检测也做了大量的研究[110-112]。从另外一方面看，肉的嫩度与肉的大理石花纹、表面颜色和图像纹理等因素具有一定的相关性，因此可以将机器视觉技术结合光谱建模来预测肉品的嫩度。Barbin 等[113]做出了这方面的尝试，单独基于光谱数据建模预测嫩度的相关性 R^2 为 0.63，基于图像特性模型的预测相关性为 0.48，而光谱与图像信息相结合可以提高预测精度，达到 0.75。

3. 大理石花纹的评估

肌肉肌纤维中含有的肌内脂肪较多时，会呈现一种白色的大理石纹状分布，即称为大理石花纹畜肉。通常肉中的大理石花纹越多，肉品质地越嫩，风味越好，在市场中的价格也越高。因此，大理石花纹的测定对评定优质肉品非常重要。Qiao 等[114]基于高光谱成像技术对猪肉大理石花纹进行了评估，通过光谱特征建立大理石花纹模型，成功预测了 40 个样本的大理石花纹等级。江龙建[115]分别从大理石花纹标准图像和样本图像中提取特征参数建立牛肉大理石花纹等级预测模型，采用了学习向量量化法（LVQ）、反向传播（BP）和支持向量机（SVM）3 种神经网络分类方法，大理石花纹等级的判别精度分别为 90.00%、87.50% 和 92.50%，对推广和应用我国牛肉质量的自动分级具有重要的参考价值和经济意义。Kester[116]采用 400～1100 nm 的高光谱成像系统扫描牛肉样品，通过反射值对比分析，确定出 530 nm 是区分牛肉脂肪和瘦肉的特征波长。在特征波长图像中提取大颗粒脂肪密度、中等颗粒脂肪密度和小颗粒脂肪密度这 3 个与大理石花纹相关的特征参数，建立多元线性回归模型（MLR），对大理石花纹分级准确率为 84.80%。周彤和彭彦昆[117]通过图像解析，选取大理石花纹面积比值，大、中和小脂肪颗粒个数和密度，总脂肪颗粒个数和密度，以及脂肪分布均匀度 10 个指标为反映大理石花纹丰富程度的特征参数，建立主成分回归（PCR）模型对牛肉大理石花纹进行评分。预测相关系数 R 达到 0.88。类似的研究还有陈坤杰等[118]采集 135 个牛胴体的眼肌样本，基于分形维和图像用变尺度的方法，测定每块牛肉图像的计盒维数和信息维数，基于提取出的特征信息分别建立多元线性模型和多元多项式模型判定牛肉大理石花纹等级，预测正确率分别为 75% 和 87.5%。

4. 肉品腐败和微生物检测

食品腐败主要由病原微生物引起，包括细菌、真菌等。微生物污染不仅严重损害肉品生产者经济利益，也会引起消费者的安全风险。因此，检查和控制有害污染物一直是十分必要的步骤。典型检测微生物的方法是平板计数法，但极为费时，效率低。而采用高光谱成像技术可以实现肉类腐败微生物的快速无损检测。Feng 等[119]使用 930～1450 nm 的高光谱成像技术，检测鸡肉肠杆菌。建立全波长的预测 PLS 模型，结果显示预测肠杆菌细菌总数有不错的表现。通过不同的方法优选 3～7 个重要的波长，建立简化了的 PLSR 模型预测相关性 R^2 达到 0.87。在 Feng 和 Sun[120]另外一项研究中，通过相同的近红外光谱成像系统测量了鲑鱼肉的肠杆菌科和假单胞菌总计数，分别基于反射、吸收和库贝尔卡-芒克（K-M）光谱值建立 3 个 PLSR 模型都获得了良好表现。基于 472～1000 nm 的散射光谱模型，Peng 等[121]基于高光谱散射系统检测牛肉中的腐败细菌，检测牛肉中活菌总数取得了很好效果，相关系数 R^2 达到 0.96。Peng 等[122]的另外一项研究中，测定了在 10℃储存下猪肉的活菌总数（TVC）。洛伦兹函数（Lorentzian function）和贡佩尔茨函数（Gompertz function）对高光谱数据进行了处理，预测性能良好。洛伦兹函数通常用于描述激光轮廓和光分布图形，贡佩尔茨函数在数学上用于描述细菌、细胞和生物体的生长，通过这些函数建立了散射光谱曲线和猪肉样品的 TVC 值之间的关系。此外，随着科技的发展和设备的更新，Park 等[123]利用显微高光谱成像技术，对产志贺毒素大肠杆菌血清进行了更加精细的研究和分类。

5. 表面污染及病变的检测

粪便污染是导致禽肉类细菌增长和食品安全风险的重要因素。影响粪便污染有许多因素，其中工厂不当的屠宰加工流程影响最大。禽类在屠宰前没有停止喂食，在处理过程中下肠道破裂，粪便物质释放造成食材表面被污染。粪便有不同颜色，有黄绿色、棕色和白色等，以及不同稠度和不同组合，给检测检查人员带来极大困扰。目前高光谱成像技术已被证明是对家禽安全检查的有效工具，在识别粪便污染物来源和类型方面已经开展了不少的研究工作。早在 2003 年，Lawrence 等[124]开发可见/近红外成像光谱仪检测家禽胴体皮肤样本是否遭受污染。通过反射率和主成分分析法获得用来识别粪便污染的关键波长为 434 nm、517 nm、565 nm 和 628 nm，特别是由 517 nm 图像除以 565 nm 图像的比率图获得了良好的区分效果。对有限的样本进行检测，污染物的准确率在 96% 以上。Park 等[125]详细总结了检测家禽胴体表面污染情况的工作，通过主成分分析（PCA）对高光谱图像数据进行降维，以 PCA 的载荷和校正回归系数最高值确定特征波长，来区分正常家禽和皮肤受到污染的家禽。此后，Park 等[126]采用光谱角制图（spectral angle mapper，SAM）算法分类监督鸡肉胴体表面的粪便污染物类型，从十二指肠、盲肠、结肠获得 3 种不同的粪便污染样品，分类准确度 90.13%。还有关于鱼的寄生虫污染的光谱研究的报道[127]，实验表明高光谱可以检测出深达鱼肉内部 8 mm 的寄生虫，以及寄生空间位置，解决了鱼肉内部寄生虫检测只能依靠人工检查的难题。肿瘤一般在可见光谱范围内是不可见的，因此肉眼难以分辨。但将肿瘤经紫外线激发后，大量化合物会发出可见的荧光。基于此理论，Kim 等[128]发展了高光谱荧光成像检测技术，对鸡肉皮肤肿瘤进行检测，准确率约为 76%，但对直径小于 3 mm 的小块肿瘤依然检出困难。

6. 肉品品质分级

肉品的品质分级一般都是多个指标综合分析的结果，每块肉的嫩度、肉色和失水率等都不同。光谱和图像分析的特点是，不仅可以检测单个指标的数值大小，同样擅长于描述和分辨样品的总体特征，高光谱技术通过光谱和图像信息与样品总体的理化特性建立紧密联系，基于已知样品品质等级预测未知样品的质量品级。Chao 等[129]通过高光谱成像系统检测了约 10 万只鸡，鉴别其健康与非健康状况准确率达到 96%。ElMasry 等[130]利用 900～1700 nm 的近红外光谱成像系统评估了不同成分和不同加工方式的熟火鸡火腿片品质。通过主成分分析从 241 个波段高维光谱中筛选出 8 个与火鸡火腿化学成分以及质量等级相关的光谱。结果显示近红外光谱成像具有客观和非破坏性地分辨火鸡火腿质量的能力。相似的光谱成像技术在猪肉品质分级中的研究和应用更多。例如，Barbin 等[131]把猪肉样品分为 PSE、RFN 和 DFD 3 个品质等级，扫描高光谱图像后，基于 PCA 优选出 5 条最佳波长，对猪肉品质进行分级，准确率为 96%。类似的研究有 Jun 等[132]将猪肉分为 PSE、PFN、RFN、RSE 以及 DFD 5 个质量等级，建立人工神经网络（ANN）模型对所有部位的猪肉质量鉴定，分级正确率为 87.5%。表 1-3 列举了高光谱成像技术在牛肉品质评价与检测中的应用进展。表 1-4 列举了高光谱成像技术在猪肉品质评价与检测中的应用进展。表 1-5 列举了高光谱成像技术在羊肉和鸡肉品质评价与检测中的应用进展。表 1-6 列举了高光谱成像技术在鱼肉品质评价与检测中的应用进展。以上这些研究充分证实了高光谱成像技术在食品安全检测与控制领域的应用具有可行性和巨大潜力。

表 1-3　高光谱成像技术在牛肉品质评价与检测中的应用

Table 1-3　Application of HSI for beef quality evaluation and detection

检测指标	分析方法	波长范围（nm）	R^2 或 R	RMSEs	参考文献
持水率	PLSR	910~1700	0.890	0.260	[133]
持水率	PLSR	940、997、1144、1214、1342、1443	0.870	0.280	[133]
嫩度	PLSR	910~1700	0.830	40.750	[134]
嫩度	PLSR	927、941、974、1034、1084、1105、1135、1175、1218、1249、1285、1309、1571、1658、1682	0.770	47.450	[134]
$L*$	PLSR	910~1700	0.880	1.210	[134]
$L*$	PLSR	947、1078、1151、1215、1376、1645	0.880	1.240	[134]
$b*$	PLSR	910~1700	0.810	0.580	[134]
$b*$	PLSR	934、1074、1138、1399、1665	0.590	0.600	[134]
pH	PLSR	910~1700	0.730	0.060	[134]
pH	PLSR	924、937、951、961、984、1044、1091、1111、1117、1158、1245、1251、1285、1316、1342、1363、1376、1406、1413、1443、1476、1500、1524、1541	0.710	0.070	[134]
蛋白质含量	PLSR	910~1700	0.750	0.390	[135]
蛋白质含量	PLSR	924、937、1018、1048、1108、1141、1182、1221、1615、1665	0.860	0.290	[135]
脂肪含量	PLSR	910~1700	0.860	0.650	[135]
脂肪含量	PLSR	934、978、1078、1138、1215、1289、1413	0.840	0.620	[135]
水分含量	PLSR	910~1700	0.890	0.470	[135]
水分含量	PLSR	934、1048、1081、1155、1185、1212、1265	0.890	0.460	[135]
TVC	MLR	379、596、822、838、841、889、900	0.950	0.300	[122]
TVC	PLSR	400~1100	0.920	0.630	[122]
嫩度	MLR	485、524、541、645、700、720、780、820	0.910	9.930	[136]
$L*$	MLR	653、678、722、868、875、920、1050	0.960	0.610	[136]
$a*$	MLR	465、575、614、635、671、724、978	0.960	0.750	[136]
$b*$	MLR	486、524、540、645、700、721、780、954	0.970	0.190	[136]
水分含量	MLR	584、640、767、1119、1386、1680	0.940	1.450%	[137]
水分含量	PLSR	380~1700	0.937	1.486%	[137]
水分含量	PLSR	584、640、767、1119、1386、1680	0.914	1.738%	[137]
水分含量	LS-SVM	380~1700	0.982	0.791%	[137]
水分含量	LS-SVM	584、640、767、1119、1386、1680	0.968	1.055%	[137]

注：TVC. total viable count，菌落总数；PLSR. partial least squares regression，偏最小二乘回归；MLR. multiple linear regression，多元线性回归；LS-SVM. least-squares support vector machine，最小二乘支持向量机；列表中不考虑 RMSEs 的单位变化。下同

表 1-4 高光谱成像技术在猪肉品质评价与检测中的应用

Table 1-4 Application of HSI for pork quality evaluation and detection

检测指标	分析方法	波长范围（nm）	R^2 或 R	RMSEs	参考文献
L^*	PLSR	900～1700	0.920	1.440	[138]
L^*	PLSR	947、1024、1124、1208、1268、1654	0.900	1.630	[138]
pH	PLSR	900～1700	0.880	0.110	[138]
pH	PLSR	947、1057、1161、1308、1680	0.900	0.090	[138]
汁液损失	PLSR	900～1700	0.870	1.060	[138]
汁液损失	PLSR	940、990、1054、1108、1208、1311、1650	0.790	1.340	[138]
蛋白质含量	PLSR	900～1700	0.860	0.430	[139]
蛋白质含量	PLSR	927、940、994、1051、1084、1138、1181、1211、1275、1325、1645	0.880	0.40	[139]
脂肪含量	PLSR	900～1700	0.950	0.370	[139]
脂肪含量	PLSR	927、937、990、1047、1134、1211、1275、1382、1645	0.930	0.420	[139]
水分含量	PLSR	900～1700	0.910	0.640	[139]
水分含量	PLSR	927、950、1047、1211、1325、1513、1645	0.910	0.620	[139]
TVC	PLSR	900～1700	0.930	0.700	[140]
TVC	PLSR	932、947、970、1034、1094、1134、1151、1211、1344、1621、1641	0.810	1.000	[140]
PPC	PLSR	900～1700	0.930	0.830	[112]
PPC	PLSR	947、1118、1128、1151、1211、1241、1388、1621、1641、1655	0.810	1.500	[140]
嫩度	MLR	490、559、580、553、564、536	0.782	15.460	[141]
EPC	MLR	525、530、534、858、875	0.841	1.067	[141]
盐分含量	MLR	425、481、570、613、765、917	0.930	0.682	[105]
水分活度	MLR	481、542、592、606、774、936	0.914	0.007	[105]
盐分含量	PLSR	400～1000	0.928	0.691	[105]
盐分含量	PLSR	425、481、570、613、765、917	0.912	0.762	[105]
水分活度	PLSR	400～1000	0.909	0.007	[105]
水分活度	PLSR	481、542、592、606、774、936	0.910	0.007	[105]
盐分含量	PCR	425、481、570、613、765、917	0.933	0.662	[105]
水分活度	PCR	481、542、592、606、774、936	0.913	0.007	[105]
pH	PLSR	400～1000	0.797	0.085	[142]
pH	PLSR	445、485、533、566、578、600、636、759、959	0.783	0.088	[142]
水分含量	MLR	1089、1127、1166、1293、1719、1928、2238	0.917	1.480%	[143]
水分含量	PLSR	1000～2500	0.941	1.230%	[143]
水分含量	PLSR	1089、1127、1166、1293、1719、1928、2238	0.914	1.490%	[143]
肌内脂肪	PLSR	PLS 前三个主成分（95%）	0.970	0.170	[144]
肌内脂肪	MLR	1076、1129、1191、1210、1258	0.920	0.240	[144]

注：PCR. principal component regression，主成分回归；PPC. *psychrotrophic* plate count，嗜冷菌菌落总数；EPC. *Escherichia coli* plate count，大肠杆菌菌落总数；列表中不考虑 RMSEs 的单位变化，下同

表 1-5　高光谱成像技术在羊肉和鸡肉品质评价与检测中的应用

Table 1-5　Application of HSI for lamb and chicken meats quality evaluation and detection

检测指标	分析方法	波长范围（nm）	R^2 或 R	RMSEs	参考文献
蛋白质含量	PLSR	900～1700	0.630	0.340	[145]
脂肪含量	PLSR	900～1700	0.880	0.400	[145]
脂肪含量	PLSR	960、1057、1131、1211、1308、1394	0.870	0.350	[145]
水分含量	PLSR	900～1700	0.880	0.510	[145]
水分含量	PLSR	960、1057、1131、1211、1308、1394	0.840	0.570	[145]
剪切力	MLR	934、964、1017、1081、1144、1215、1265、1341、1455、1615	0.840	5.840	[146]
剪切力	PLSR	900～1700	0.840	5.710	[146]
嫩度	PLSR	934、964、1017、1081、1144、1215、1265、1341、1455、1615	0.840	5.830	[146]
嫩度	PLSR	900～1700	0.690	1.230	[146]
掺假	MLR	940、1067、1144、1217	0.980	1.450%	[147]
掺假	PLSR	910～1700	0.990	1.370%	[147]
掺假	PLSR	940、1067、1144、1217	0.990	1.420%	[147]
EPC	PLSR	930～1660	0.850	0.470	[119]
EPC	PLSR	930～1450	0.850	0.470	[119]
EPC	PLSR	948、960、1134、1144	0.870	0.540	[119]
EPC	PLSR	930、1121、1345	0.870	0.450	[119]
EPC	PLSR	930、948、960、1121、1134、1144、1345	0.870	0.440	[119]
PPC	PLSR	900～1700	0.810	0.800	[120]
PPC	PLSR	1138～1155、1195～1198、1392～1395、1452～1455、1525～1529	0.880	0.640	[120]
TVC	PLSR	900～1700	0.930	0.570	[148]
TVC	PLSR	1145、1458、1522、1659、1666、1669、1672	0.940	0.500	[148]
水分含量	PLSR	900～1700	0.860	2.780	[149]
水分含量	PLSR	927、944、1004、1058、1108、1212、1259、1362、1406	0.880	2.510	[149]
pH	PLSR	900～1700	0.770	0.020	[149]
pH	PLSR	927、947、1004、1071、1121、1255、1312、1641	0.810	0.020	[149]
a^*	PLSR	900～1700	0.720	0.370	[149]
a^*	PLSR	914、931、991、1115、1164、1218、1282、1362、1638	0.740	0.350	[149]
蛋白质含量	PLSR	900～1700	0.875	1.013	[150]
蛋白质含量	PLSR	930、971、1051、1137、1165、1212、1295、1400、1645、1682	0.855	1.090	[150]
水分含量	PLSR	900～1700	0.925	0.456	[150]
水分含量	PLSR	930、971、1084、1212、1645、1682	0.868	0.602	[150]
脂肪含量	PLSR	900～1700	0.396	0.834	[150]

注：PPC. *Pseudomonas* plate count，假单胞杆菌数目；列表中不考虑 RMSEs 的单位变化，下同

表 1-6 高光谱成像技术在鱼肉品质评价与检测中的应用

Table 1-6 Application of HSI for fish quality evaluation and detection

检测指标	分析方法	波长范围（nm）	R^2 或 R	RMSEs	参考文献
嫩度	MLR	400、580、605、660、740、875、930、955	0.901	1.117	[151]
嫩度	MLR	555、605、705、930	0.847	1.364	[151]
嫩度	PLSR	400～1000	0.890	1.161	[151]
嫩度	PLSR	900～1700	0.860	1.316	[151]
嫩度	PLSR	400、580、605、660、740、875、930、955	0.901	1.106	[151]
嫩度	PLSR	555、605、705、930	0.847	1.364	[151]
嫩度	LS-SVM	400～1000	0.902	1.103	[151]
嫩度	LS-SVM	900～1700	0.884	1.199	[151]
嫩度	LS-SVM	400、580、605、660、740、875、930、955	0.905	1.086	[151]
嫩度	LS-SVM	555、605、705、930	0.905	1.089	[151]
汁液损失	PLSR	400～1000	0.808	0.072	[152]
汁液损失	PLSR	900～1700	0.692	0.088	[152]
汁液损失	PLSR	415、445、500、590、605、675、760、825、880、955、990	0.834	0.067	[152]
pH	PLSR	400～1000	0.892	0.048	[152]
pH	PLSR	900～1700	0.875	0.052	[152]
pH	PLSR	410、430、520、600、615、760、875、925、945、990	0.895	0.046	[152]
LAB	MLR	1155、1255、1373、1376、1436、1641、1665、1689	0.887	0.632	[153]
LAB	LS-SVM	900～1700	0.929	0.515	[153]
LAB	LS-SVM	1155、1255、1373、1376、1436、1641、1665、1689	0.925	0.531	[153]
水分含量	PLSR	400～1000	0.893	1.513	[154]
水分含量	PLSR	900～1700	0.902	1.450	[154]
水分含量	PLSR	400～1700	0.849	1.800	[154]
水分含量	PLSR	420、445、545、585、635、870、925、955	0.893	1.517	[154]
水分含量	PLSR	920、991、1051、1135、1212、1299、1668、1692	0.888	1.553	[154]
水分含量	PLSR	580、695、931、994、1138、1212、1279、1440	0.884	1.578	[154]
L^*	MLR	1161、1295、1362	0.869	2.378	[155]
a^*	MLR	1081、1161、1362	0.729	1.463	[155]
b^*	MLR	964、1024、1081、1105、1161、1295、1362	0.788	2.104	[155]
L^*	PLSR	964～1631	0.864	2.424	[155]
L^*	PLSR	1161、1295、1362	0.868	2.393	[155]
a^*	PLSR	964～1631	0.736	1.446	[155]
a^*	PLSR	1081、1161、1362	0.730	1.461	[155]
b^*	PLSR	964～1631	0.798	2.060	[155]
b^*	PLSR	964、1024、1081、1105、1161、1295、1362	0.798	2.061	[155]

检测指标	分析方法	波长范围（nm）	R^2 或 R	RMSEs	参考文献
硬度	MLR	405、410、460、515、560、580、615、920、955、990	0.673	4.020	[156]
凝聚力	MLR	425、460、580、615、735、865、930、945、970	0.563	0.066	[156]
黏着性	MLR	405、410、460、515、560、580、615、920、955、990	0.639	0.483	[156]
胶黏性	MLR	405、410、460、515、560、580、615、920、955、990	0.670	1.925	[156]
咀嚼性	MLR	405、410、460、515、560、580、615、920、955、990	0.666	11.658	[156]
硬度	PLSR	400～1758	0.665	4.091	[156]
凝聚力	PLSR	405、410、460、515、560、580、615、920、955、990	0.711	3.850	[156]
黏着性	PLSR	400～1758	0.555	0.067	[156]
胶黏性	PLSR	425、460、580、615、735、865、930、945、970	0.567	0.066	[156]
咀嚼性	PLSR	400～1758	0.606	0.504	[156]
硬度	PLSR	405、410、535、555、595、615、730、840、890、945、990	0.639	0.488	[156]
弹性	PLSR	400～1758	0.369	0.999	[156]
胶黏性	PLSR	400～1758	0.665	1.952	[156]
胶黏性	PLSR	405、410、425、435、555、585、615、740、960、995	0.711	1.837	[156]
咀嚼性	PLSR	400～1758	0.605	12.559	[156]
咀嚼性	PLSR	405、410、555、585、615、720、825、920、955、990	0.702	11.226	[156]
PLL	PLSR	400～1000	0.845	1.256	[157]
PLL	PLSR	897～1753	0.471	2.336	[157]
PLL	PLSR	430、445、450、510、605、620、760、765、830、955、965、975、995	0.872	1.147	[157]
PWL	PLSR	400～1000	0.832	1.134	[157]
PWL	PLSR	897～1753	0.532	2.195	[157]
PWL	PLSR	440、450、520、595、600、615、765、830、885、925、975、995	0.878	0.964	[157]
PFL	PLSR	400～1000	0.576	0.342	[157]
PFL	PLSR	897～1753	0.322	0.432	[157]
PFL	PLSR	420、560、580、620、625、695、700、835、840	0.645	0.312	[157]
PWR	PLSR	400～1000	0.920	1.251	[157]
PWR	PLSR	897～1753	0.699	2.425	[157]
PWR	PLSR	600、605、615、755、850、860、865、890、935、940、960、995	0.934	1.132	[157]
PLL	LS-SVM	400～1000	0.925	1.222	[157]
PLL	LS-SVM	897～1753	0.843	1.728	[157]
PLL	LS-SVM	430、445、450、510、605、620、760、765、830、955、965、975、995	0.947	1.060	[157]

检测指标	分析方法	波长范围（nm）	R^2 或 R	RMSEs	参考文献
PWL	LS-SVM	400～1000	0.916	1.118	[157]
PWL	LS-SVM	897～1753	0.819	1.607	[157]
PWL	LS-SVM	440、450、520、595、600、615、765、830、885、925、975、995	0.927	1.046	[157]
PFL	LS-SVM	400～1000	0.809	0.317	[157]
PFL	LS-SVM	897～1753	0.724	0.425	[157]
PFL	LS-SVM	420、560、580、620、625、695、700、835、840	0.814	0.321	[157]
PWR	LS-SVM	400～1000	0.966	1.277	[157]
PWR	LS-SVM	897～1753	0.908	1.947	[157]
PWR	LS-SVM	600、605、615、755、850、860、865、890、935、940、960、995	0.971	1.222	[157]
TVC	PLSR	400～1000	0.887	0.460	[158]
TVC	PLSR	900～1700	0.860	0.511	[158]
TVC	PLSR	495、535、550、585、625、660、785、915	0.958	0.280	[158]
TVC	LS-SVM	400～1000	0.961	0.290	[158]

注：LAB. lactic acid bacteria，乳酸菌数目；PLL. percentage liquid loss，液体损失比例；PWL. percentage water loss，水分损失比例；PFL. percentage fat loss，脂肪损失比例；PWR. percentage water remained，水分保持比例；列表中不考虑 RMSEs 的单位变化

主要参考文献

[1] 林向阳, 何承云, 高荫榆, 等. 肉类营养与健康[J]. 肉类工业, 2005, 3(1): 42-45.

[2] 邹玉峰, 薛思雯, 徐幸莲, 等.《膳食指南科学报告》对肉类食品摄入的建议[J]. 中国食物与营养, 2015, 21(10): 5-8.

[3] Iglesias J, Medina I. Solid-phase microextraction method for the determination of volatile compounds associated to oxidation of fish muscle [J]. Journal of Chromatography A, 2008, 1192(1): 9-16.

[4] Karlsdottir M G, Sveinsdottir K, Kristinsson H G, et al. Effects of temperature during frozen storage on lipid deterioration of saithe (*Pollachius virens*) and hoki (*Macruronus novaezelandiae*) muscles [J]. Food Chemistry, 2014, 156: 234-242.

[5] 黄亚宇, 霍云龙, 李艳玲, 等. 肉类消费: 营养功效与健康影响[J]. 肉类研究, 2015, 5(2): 25-28.

[6] Cheng J H, Sun D-W. Rapid quantification analysis and visualization of *Escherichia coli* loads in grass carp fish flesh by hyperspectral imaging method [J]. Food and Bioprocess Technology, 2015, 8(5): 951-959.

[7] Sivertsen A H, Heia K, Stormo S K, et al. Automatic nematode detection in cod fillets (*Gadus morhua*) by transillumination hyperspectral imaging [J]. Journal of Food Science, 2011, 76(1): S77-S83.

[8] Triqui R, Bouchriti N. Freshness assessments of Moroccan sardine (*Sardina pilchardus*): Comparison of overall sensory changes to instrumentally determined volatiles [J]. Journal of

Agricultural and Food Chemistry, 2003, 51(26): 7540-7546.

[9]　Olafsdottir G, Nesvadba P, Di Natale C, et al. Multisensor for fish quality determination [J]. Trends in Food Science & Technology, 2004, 15(2): 86-93.

[10]　Olafsdottir G, Martinsdóttir E, Oehlenschläger J, et al. Methods to evaluate fish freshness in research and industry [J]. Trends in Food Science & Technology, 1997, 8(8): 258-265.

[11]　Wills C C, Proctor M R M, Mcloughlin J. Integrated studies on the freshness of rainbow trout (*Oncorhynchus mykiss* Walbaum) postmortem during chilled and frozen storage [J]. Journal of Food Biochemistry, 2004, 28(3): 213-244.

[12]　Simeonidou S, Govaris A, Vareltzis K. Quality assessment of seven Mediterranean fish species during storage on ice [J]. Food Research International, 1997, 30(7): 479-484.

[13]　Kyrana V R, Lougovois V P. Sensory, chemical and microbiological assessment of farm-raised European sea bass (*Dicentrarchus labrax*) stored in melting ice [J]. International Journal of Food Science & Technology, 2002, 37(3): 319-328.

[14]　Zogul F, Zogul Y. Biogenic amine content and biogenic amine quality indices of sardines (*Sardina pilchardus*) stored in modified atmosphere packaging and vacuum packaging [J]. Food Chemistry, 2006, 99(3): 574-578.

[15]　Křížek M, Vácha F, Vorlová L, et al. Biogenic amines in vacuum-packed and non-vacuum-packed flesh of carp (*Cyprinus carpio*) stored at different temperatures [J]. Food Chemistry, 2004, 88(2): 185-191.

[16]　Kim M K, Mah J H, Hwang H J. Biogenic amine formation and bacterial contribution in fish, squid and shellfish [J]. Food Chemistry, 2009, 116(1): 87-95.

[17]　Armenta S, Coelho N M, Roda R, et al. Seafood freshness determination through vapour phase Fourier transform infrared spectroscopy [J]. Analytica Chimica Acta, 2006, 580(2): 216-222.

[18]　Castro P, Padrón J C P, Cansino M J C, et al. Total volatile base nitrogen and its use to assess freshness in European sea bass stored in ice [J]. Food Control, 2006, 17(4): 245-248.

[19]　Nielsen D, Hyldig G, Nielsen J, et al. Lipid content in herring (*Clupea harengus* L.) — influence of biological factors and comparison of different methods of analyses: solvent extraction, Fatmeter, NIR and NMR [J]. LWT-Food Science and Technology, 2005, 38(5): 537-548.

[20]　Rawdkuen S, Jongjareonrak A, Benjakul S, et al. Discoloration and lipid deterioration of farmed giant catfish (*Pangasianodon gigas*) muscle during refrigerated storage [J]. Journal of Food Science, 2008, 73(3): 179-184.

[21]　Ulu H. Evaluation of three 2-thiobarbituric acid methods for the measurement of lipid oxidation in various meats and meat products [J]. Meat Science, 2004, 67(4): 683-687.

[22]　Lougovois V P, Kyranas E R, Kyrana V R. Comparison of selected methods of assessing freshness quality and remaining storage life of iced gilthead sea bream (*Sparus aurata*) [J]. Food Research International, 2003, 36(6): 551-560.

[23]　Zogul F, Polat A, Zogul Y. The effects of modified atmosphere packaging and vacuum packaging on chemical, sensory and microbiological changes of sardines (*Sardina pilchardus*) [J]. Food Chemistry, 2004, 85(1): 49-57.

[24]　Gram L, Dalgaard P. Fish spoilage bacteria-problems and solutions [J]. Current Opinion in Biotechnology, 2002, 13(3): 262-266.

[25]　Giuffrida A, Valenti D, Giarratana F, et al. A new approach to modelling the shelf life of Gilthead seabream (*Sparus aurata*) [J]. International Journal of Food Science & Technology, 2013, 48(6): 1235-1242.

[26]　谢丽娟, 应义斌, 于海燕, 等. 近红外光谱分析技术在蔬菜品质无损检测中的应用研究进

展[J]. 光谱学与光谱分析, 2007, 27(6): 1131-1135.

[27] Dini F, Paolesse R, Filippini D, et al. Fish freshness decay measurement with a colorimetric artificial olfactory system [J]. Procedia Engineering, 2010, 5: 1228-1231.

[28] Xiccato G, Trocino A, Tulli F, et al. Prediction of chemical composition and origin identification of european sea bass (*Dicentrarchus labrax* L.) by near infrared reflectance spectroscopy (NIRS) [J]. Food Chemistry, 2004, 86(2): 275-281.

[29] Morsy N, Sun D-W. Robust linear and non-linear models of NIR spectroscopy for detection and quantification of adulterants in fresh and frozen-thawed minced beef [J]. Meat Science, 2013, 93(2): 292-302.

[30] Hou X, Liang R R, Mao Y W, et al. Effect of suspension method and aging time on meat quality of Chinese fattened cattle *M. Longissimus dorsi* [J]. Meat Science, 2014, 96(1): 640-645.

[31] Franco D, Bispo E, Gonzalez L, et al. Effect of finishing and ageing time on quality attributes of loin from the meat of Holstein-Fresian cull cows [J]. Meat Science, 2009, 83(3): 484-491.

[32] Woods K L, Rhee K S, Sams A R. Tenderizing spent fowl meat with calcium chloride .4. Improved oxidative stability and the effects of additional aging [J]. Poultry Science, 1997, 76(3): 548-551.

[33] Ramsey C, Lind K, Tribble L, et al. Diet, sex and vacuum packaging effects on pork aging [J]. Journal of Animal Science, 1973, 37(1): 40-48.

[34] Lawless H T, Heymann H. Sensory Evaluation of Food: Principles and Practices [M]. New York: Springer Science & Business Media, 2010.

[35] Cheng J H, Sun D-W, Zeng X A, et al. Recent advances in methods and techniques for freshness quality determination and evaluation of fish and fish fillets: A review [J]. Critical Reviews of Food Science and Nutrition, 2015, 55(7): 1012-1225.

[36] Zyurt G, Kuley E, Zkütük S, et al. Sensory, microbiological and chemical assessment of the freshness of red mullet (*Mullus barbatus*) and goldband goatfish (*Upeneus moluccensis*) during storage in ice [J]. Food Chemistry, 2009, 114(2): 505-510.

[37] Duncan M, Craig S R, Lunger A N, et al. Bioimpedance assessment of body composition in cobia *Rachycentron canadum* (L. 1766) [J]. Aquaculture, 2007, 271(1-4): 432-438.

[38] Vidaček S, Medić H, Botka-Petrak K, et al. Bioelectrical impedance analysis of frozen sea bass (*Dicentrarchus labrax*) [J]. Journal of Food Engineering, 2008, 88(2): 263-271.

[39] Hallier A, Chevallier S, Serot T, et al. Freezing-thawing effects on the colour and texture of European catfish flesh [J]. International Journal of Food Science & Technology, 2008, 43(7): 1253-1262.

[40] León K, Mery D, Pedreschi F, et al. Color measurement in L* a* b* units from RGB digital images [J]. Food Research International, 2006, 39(10): 1084-1091.

[41] Johnston I A, Alderson R, Sandham C, et al. Muscle fibre density in relation to the colour and texture of smoked Atlantic salmon [J]. Aquaculture, 2000, 189: 335-349.

[42] Andersen U B, Thomassen M S, Rørå A M B, et al. Texture properties of farmed rainbow trout effects of diet, muscle (*Oncorhynchus mykiss*) fat content and time of storage on ice [J]. Journal of the Science of Food and Agriculture, 2006, 74(3): 347-353.

[43] Jonsson A, Sigurgisladottir S, Hafsteinsson H, et al. Textural properties of raw Atlantic salmon (*Salmo salar*) fillets measured by different methods in comparison to expressible moisture [J]. Aquaculture Nutrition, 2001, 7(2): 81-89.

[44] Roth B, Moeller D, Veland J O, et al. The effect of stunning methods on rigor mortis and texture properties of Atlantic salmon [J]. Journal of Food Science, 2002, 67(4): 1462-1466.

[45] Mørkøre T, Einen O. Relating sensory and instrumental texture analyses of Atlantic salmon [J]. Journal of Food Science, 2003, 68(4): 1492-1497.

[46] Caballero M J, Betancor M, Escrig J C, et al. Post mortem changes produced in the muscle of sea bream (*Sparus aurata*) during ice storage [J]. Aquaculture, 2009, 291(3-4): 210-216.

[47] Ahmed Z, Donkor O N, Street W A, et al. Activity of endogenous muscle proteases from 4 Australian underutilized fish species as affected by ionic strength, pH, and temperature [J]. Journal of Food Science, 2013, 78(12): 1858-1864.

[48] Andrés-Bello A, Barreto-Palacios V, García-Segovia P, et al. Effect of pH on color and texture of food products [J]. Food Engineering Reviews, 2013, 5(3): 158-170.

[49] Wang P A, Vang B, Pedersen A M, et al. Post-mortem degradation of myosin heavy chain in intact fish muscle: Effects of pH and enzyme inhibitors [J]. Food Chemistry, 2011, 124(3): 1090-1095.

[50] Botta J R, Lauder J T, Jewer M A. Effect of methodology on total volatile basic nitrogen (TVB-N) determination as an index of quality of fresh Atlantic cod [J]. Journal of Food Science, 1984, 49(3): 734-736.

[51] Liu D, Liang L, Xia W, et al. Biochemical and physical changes of grass carp (*Ctenopharyngodon idella*) fillets stored at −3 and 0 °C [J]. Food Chemistry, 2013, 140(1-2): 105-114.

[52] Özogul F, Özogul Y. Comparision of methods used for determination of total volatile basic nitrogen (TVB-N) in rainbow trout [J]. Turkish Journal of Zoology, 2000, 24(1): 113-120.

[53] Özogul F, Taylor K D A, Quantick P C, et al. A rapid HPLC-determination of ATP-related compounds and its application to herring stored under modified atmosphere [J]. International Journal of Food Science and Technology, 2000, 35(6): 549-554.

[54] Sallam K I. Chemical, sensory and shelf life evaluation of sliced salmon treated with salts of organic acids [J]. Food Chemistry, 2007, 101(2): 592-600.

[55] Castillo-Yanez F J, Pacheco-Aguilar R, Marquez-Rios E, et al. Freshness loss in sierra fish (*Scomberomorus sierra*) muscle stored in ice as affected by postcapture handling practices [J]. Journal of Food Biochemistry, 2007, 31(1): 56-67.

[56] Özogul Y, Özyurt G, Özogul F, et al. Freshness assessment of European eel (*Anguilla anguilla*) by sensory, chemical and microbiological methods [J]. Food Chemistry, 2005, 92(4): 745-751.

[57] Dowlati M, De La Guardia M, Mohtasebi S S. Application of machine-vision techniques to fish-quality assessment [J]. TrAC Trends in Analytical Chemistry, 2012, 40: 168-179.

[58] Brosnan T, Sun D-W. Improving quality inspection of food products by computer vision—a review [J]. Journal of Food Engineering, 2004, 61(1): 3-16.

[59] Mery D, Pedreschi F, Soto A. Automated design of a computer vision system for visual food quality evaluation [J]. Food and Bioprocess Technology, 2012, 6(8): 2093-2108.

[60] Wu D, Sun D-W. Colour measurements by computer vision for food quality control—A review [J]. Trends in Food Science & Technology, 2013, 29(1): 5-20.

[61] Faucitano L, Huff P, Teuscher F, et al. Application of computer image analysis to measure pork marbling characteristics. Meat Science [J], 2005, 69(3): 537-543.

[62] Chandraratne M R, Samarasinghe S, Kulasiri D, et al. Prediction of lamb tenderness using image surface texture features.Journal of Food Engineering [J], 2006, 77(3): 492-499.

[63] Jackman P, Sun D-W, Allen P. Automatic segmentation of beef longissimus dorsi muscle and marbling by an adaptable algorithm. Meat Science [J], 2009, 83(2): 187-194.

[64] Chen K, Sun X, Qin C, et al. Color grading of beef fat by using computer vision and support

vector machine. Computers and Electronics in Agriculture [J], 2010, 70(1): 27-32.

[65] Chmiel, M, Słowiński M, Dasiewicz, K. Lightness of the color measured by computer image analysis as a factor for assessing the quality of pork meat. Meat Science [J], 2011, 88(3): 566-570.

[66] Hong H, Yang X, You Z, et al. Visual quality detection of aquatic products using machine vision [J]. Aquacultural Engineering, 2014, 63: 62-71.

[67] Mathiassen J R, Misimi E, Bondø M, et al. Trends in application of imaging technologies to inspection of fish and fish products [J]. Trends in Food Science & Technology, 2011, 22(6): 257-275.

[68] Zion B. The use of computer vision technologies in aquaculture—A review [J]. Computers and Electronics in Agriculture, 2012, 88: 125-132.

[69] Stien L H, Manne F, Ruohonene K, et al. Automated image analysis as a tool to quantify the colour and composition of rainbow trout (*Oncorhynchus mykiss* W.) cutlets [J]. Aquaculture, 2006, 261(2): 695-705.

[70] Hu J, Li D, Duan Q, et al. Fish species classification by color, texture and multi-class support vector machine using computer vision [J]. Computers and Electronics in Agriculture, 2012, 88: 133-140.

[71] Kiessling A, Stien L H, Torslett, et al. Effect of pre- and post-mortem temperature on rigor in Atlantic salmon muscle as measured by four different techniques [J]. Aquaculture, 2006, 259(1-4): 390-402.

[72] Liu Z, Li X, Fan L, et al. Measuring feeding activity of fish in RAS using computer vision [J]. Aquacultural Engineering, 2014, 60: 20-27.

[73] Stien L H, Suontama J, Kiessling A. Image analysis as a tool to quantify rigor contraction in pre-rigor-filleted fillets [J]. Computers and Electronics in Agriculture, 2006, 50(2): 109-120.

[74] Misimi E, Erikson U, Digre H, et al. Computer vision-based evaluation of pre- and postrigor changes in size and shape of Atlantic cod (*Gadus morhua*) and Atlantic salmon (*Salmo salar*) fillets during rigor mortis and ice storage: effects of perimortem handling stress [J]. Journal of Food Science, 2008, 73(2): 57-68.

[75] Stien L H, Kiessling A, Manne F. Rapid estimation of fat content in salmon fillets by colour image analysis [J]. Journal of Food Composition and Analysis, 2007, 20(2): 73-79.

[76] Misimi E, Erikson U, Skavhaug A. Quality grading of Atlantic salmon (*Salmo salar*) by computer vision [J]. Journal of Food Science, 2008, 73(5): 211-217.

[77] Misimi E, Mathiassen J R, Erikson U. Computer vision-based sorting of Atlantic salmon (*Salmo salar*) fillets according to their color level [J]. Journal of Food Science, 2007, 72(1): 30-35.

[78] 张雷蕾. 冷却肉微生物污染及食用安全的光学无损评定研究[D]. 中国农业大学博士学位论文, 2015.

[79] Cheng J H, Dai Q, Sun D-W, et al. Applications of non-destructive spectroscopic techniques for fish quality and safety evaluation and inspection [J]. Trends in Food Science & Technology, 2013, 34(1): 18-31.

[80] Cen H, He Y. Theory and application of near infrared reflectance spectroscopy in determination of food quality [J]. Trends in Food Science & Technology, 2007, 18(2): 72-83.

[81] Liao Y T, Fan Y X, Cheng F. On-line prediction of fresh pork quality using visible/near-infrared reflectance spectroscopy. Meat Science [J], 2010, 86(4), 901-907.

[82] Guy F, Prache S, Thomas A, et al. Prediction of lamb meat fatty acid composition using near-

infrared reflectance spectroscopy (NIRS). Food Chemistry [J], 2011, 127(3): 1280-1286.

[83] Tito N B, Rodemann T, Powell S M. Use of near infrared spectroscopy to predict microbial numbers on Atlantic salmon. Food Microbiology [J], 2012, 32(2), 431-436.

[84] Sivertsen A H, Kimiya T, Heia K. Automatic freshness assessment of cod (*Gadus morhua*) fillets by Vis/Nir spectroscopy. Journal of Food Engineering [J], 2011, 103(3): 317-323.

[85] Alomar D, Gallo C, Castaneda M, et al. Chemical and discriminant analysis of bovine meat by near infrared reflectance spectroscopy (NIRS). Meat Science [J], 2003, 63(4), 441-450.

[86] Cozzolino D, Murray I. Identification of animal meat muscles by visible and near infrared reflectance spectroscopy. LWT-Food Science and Technology [J], 2004, 37(4), 447-452.

[87] Geesink G H, Schreutelkamp F H, Frankhuizen R, et al. Prediction of pork quality attributes from near infrared reflectance spectra. Meat Science [J], 2003, 65(1), 661-668.

[88] Prevolnik M, Čandek-Potokar M, Novič M, et al. An attempt to predict pork drip loss from pH and colour measurements or near infrared spectra using artificial neural networks. Meat Science [J], 2009, 83(3), 405-411.

[89] Masoum S, Alishahi A R, Farahmand H, et al. Determination of protein and moisture in fishmeal by near-infrared reflectance spectroscopy and multivariate regression based on partial least squares [J]. Iranian Journal of Chemistry and Chemical Engineering, 2012, 31(3): 51-59.

[90] Vogt A, Gormley T R, Downey G, et al. A comparison of selected rapid methods for fat measurement in fresh herring (*Clupea harengus*) [J]. Journal of Food Composition and Analysis, 2002, 15(2): 205-215.

[91] Olsen S H, Sørensen N K, Larsen R, et al. Impact of pre-slaughter stress on residual blood in fillet portions of farmed Atlantic cod (*Gadus morhua*) —Measured chemically and by visible and near-infrared spectroscopy [J]. Aquaculture, 2008, 284(1): 90-97.

[92] Bøknæs N, Jensen K N, Andersen C M, et al. Freshness assessment of thawed and chilled cod fillets packed in modified atmosphere using near-infrared spectroscopy [J]. LWT-Food Science and Technology, 2002, 35(7): 628-634.

[93] Majolini D, Trocino A, Xiccato G, et al. Near infrared reflectance spectroscopy (NIRS) characterization of European sea bass (*Dicentrarchus labrax*) from different rearing systems [J]. Italian Journal of Animal Science, 2010, 8(2s): 860-862.

[94] Huang Y, Cavinato A, Mayes D, et al. Nondestructive determination of moisture and sodium chloride in cured Atlantic salmon (*Salmo salar*) using short-wavelength near-infrared spectroscopy (SW-NIR) [J]. Journal of Food Science, 2003, 68(2): 482-486.

[95] Lin M, Mousavi M, Al-Holy M, et al. Rapid near infrared spectroscopic method for the detection of spoilage in rainbow trout (*Oncorhynchus mykiss*) fillet [J]. Journal of Food Science, 2006, 71(1): 18-23.

[96] Huang Y, Cavinato A, Mayes D, et al. Nondestructive prediction of moisture and sodium chloride in cold smoked Atlantic salmon (*Salmo salar*) [J]. Journal of Food Science, 2006, 67(7): 2543-2547.

[97] Wold J P, Marquardt B J, Dable B K, et al. Rapid quantification of carotenoids and fat in Atlantic salmon (*Salmo salar* L.) by Raman spectroscopy and chemometrics [J]. Applied Spectroscopy, 2004, 58(4): 395-403.

[98] Afseth N K, Wold J P, Segtnan V H. The potential of Raman spectroscopy for characterisation of the fatty acid unsaturation of salmon [J]. Analytica Chimica Acta, 2006, 572(1): 85-92.

[99] Herrero A M, Carmona P, Careche M. Raman spectroscopic study of structural changes in hake (*Merluccius merluccius* L.) muscle proteins during frozen storage [J]. Journal of Agricultural and Food Chemistry, 2004, 52(8): 2147-2153.

[100] Kobayashi K, Mori M, Nishino K, et al. Visualisation of fat and fatty acid distribution in beef using a set of filters based on near infrared spectroscopy [J]. Journal of Near Infrared Spectroscopy, 2012, 20(5): 509-519.

[101] 刘魁武, 成芳, 林宏建, 等. 可见/近红外光谱检测冷鲜猪肉中的脂肪、蛋白质和水分含量[J]. 光谱学与光谱分析, 2009, (1): 102-105.

[102] 李学富. 应用近红外高光谱成像技术检测羊肉脂肪和蛋白质含量[D]. 宁夏大学硕士学位论文, 2013.

[103] Ning W, ElMasry G, ElSayed A, et al. Hyperspectral imaging for nondestructive determination of some quality attributes for strawberry [J]. Journal of Food Engineering, 2007, 81(1): 98-107.

[104] ElMasry G, Wold J P. High-speed assessment of fat and water content distribution in fish fillets using online imaging spectroscopy [J]. Journal of Agricultural and Food Chemistry, 2008, 56(17): 7672-7.

[105] Liu D, Qu J H, Sun D-W, et al. Non-destructive prediction of salt contents and water activity of porcine meat slices by hyperspectral imaging in a salting process [J]. Innovative Food Science & Emerging Technologies, 2013, 20(4): 316-323.

[106] Yoon S C, Lawrence K C, Smith D P, et al. Embedded bone fragment detection in chicken fillets using transmittance image enhancement and hyperspectral reflectance imaging [J]. Sensing and Instrumentation for Food Quality and Safety, 2008, 2(3): 197-207.

[107] Naganathan G K, Grimes L M, Subbiah J, et al. Visible/near- infrared hyperspectral imaging for beef tenderness prediction [J]. Computers and Electronics in Agriculture, 2008, 64(2): 225-33.

[108] Naganathan G K, Grimes L M, Subbiah J, et al. Partial least squares analysis of near-infrared hyperspectral images for beef tenderness prediction [J]. Sensing and Instrumentation for Food Quality and Safety, 2008, 2(3): 48-58.

[109] Cluff K, Naganathan G K, Subbiah J, et al. Optical scattering in beef steak to predict tenderness using hyper spectral imaging in the VIS-NIR region [J]. Sensing and Instrumentation for Food Quality and Safety, 2008, 2(3): 189-196.

[110] Qin J W, Chao K L, Kim M S. Detecting multiple adulterants in dry milk using Raman chemical imaging [J]. Proceedings of the SPIE-The International Society for Optical Engineering, 2012, 8369.

[111] Yang C C, Kim M S, Kang S, et al. Red to far-red multispectral fluorescence image fusion for detection of fecal contamination on apples [J]. Journal of Food Engineering, 2012, 108(2): 312-319.

[112] Wu Z, Bertram H C, Kohler A, et al. Influence of aging and salting on protein secondary structures and water distribution in uncooked and cooked pork. A combined FT-IR microspectroscopy and ^{1}H NMR relaxometry study [J]. Journal of Agricultural and Food Chemistry, 2006, 54(22): 8589-8597.

[113] Barbin D F, Valous N A, Sun D-W. Tenderness prediction in porcine longissimus dorsi muscles using instrumental measurements along with NIR hyperspectral and computer vision imagery [J]. Innovative Food Science & Emerging Technologies, 2013, 20335-20342.

[114] Qiao J, Wang N, Ngadi M O, et al. Prediction of drip-loss, pH, and color for pork using a hyperspectral imaging technique [J]. Meat Science, 2007, 76(1): 1-8.

[115] 江龙建. 基于计算机视觉和神经网络的牛肉大理石花纹自动分级技术的研究[D]. 南京农业大学硕士学位论文, 2003.

[116] Kester R T. A real-time snapshot hyperspectral endoscope and miniature endomicroscopy objectives for a two field-of-view (Bi-FOV) endoscope [D]. Rice University doctoral dissertation, 2010.

[117] 周彤, 彭彦昆. 牛肉大理石花纹图像特征信息提取及自动分级方法[J]. 农业工程学报, 2013, (15): 286-293.

[118] 陈坤杰, 吴贵茹, 於海明, 等. 基于分形维和图像特征的牛肉大理石花纹等级判定模型 [J]. 农业机械学报, 2012, (05): 147-151.

[119] Feng Y Z, Elmasry G, Sun D-W, et al. Near-infrared hyperspectral imaging and partial least squares regression for rapid and reagentless determination of Enterobacteriaceae on chicken fillets [J]. Food Chemistry, 2013, 138(2-3): 1829-1836.

[120] Feng Y Z, Sun D-W. Near-infrared hyperspectral imaging in tandem with partial least squares regression and genetic algorithm for non-destructive determination and visualization of *Pseudomonas* loads in chicken fillets [J]. Talanta, 2013, 109: 74-83.

[121] Peng Y, Zhang J, Wu J, et al. Hyperspectral scattering profiles for prediction of the microbial spoilage of beef [C]. Proceedings of the SPIE Defense, Security, and Sensing, F, 2009. International Society for Optics and Photonics.

[122] Peng Y, Zhang J, Wang W, et al. Potential prediction of the microbial spoilage of beef using spatially resolved hyperspectral scattering profiles [J]. Journal of Food Engineering, 2011, 102(2): 163-169.

[123] Park B, Windham W R, Ladely S R, et al. Classification of Shiga toxin-producing *Escherichia coli* (STEC) serotypes with hyperspectral microscope imagery [J]. Sensing for Agriculture and Food Quality and Safety IV, 2012, 8369(6): 18.

[124] Lawrence K C, Windham W R, Park B, et al. A hyperspectral imaging system for identification of faecal and ingesta contamination on poultry carcasses [J]. Journal of near Infrared Spectroscopy, 2003, 11(4): 269-281.

[125] Park B, Lawrence K C, Windham W R, et al. Detection of cecal contaminants in visceral cavity of broiler carcasses using hyperspectral imaging [J]. Applied Engineering in Agriculture, 2005, 21(4): 627-635.

[126] Park B, Windham W R, Lawrence K C, et al. Contaminant classification of poultry hyperspectral imagery using a spectral angle mapper algorithm [J]. Biosystems Engineering, 2007, 96(3): 323-333.

[127] Heia K, Sivertsen A H, Stormo S K, et al. Detection of nematodes in cod (*Gadus morhua*) fillets by imaging spectroscopy [J]. Journal of Food Science, 2007, 72(1): E11-E5.

[128] Kim I, Kim M S, Chen Y R, et al. Detection of skin tumors on chicken carcasses using hyperspectral fluorescence imaging [J]. Transactions of the ASAE, 2004, 47(5): 1785-1792.

[129] Chao K, Yang C C, Kim M S. Spectral line-scan imaging system for high-speed non-destructive wholesomeness inspection of broilers [J]. Trends in Food Science & Technology, 2010, 21(3): 129-137.

[130] ElMasry G, Iqbal A, Sun D-W, et al. Quality classification of cooked, sliced turkey hams using NIR hyperspectral imaging system [J]. Journal of Food Engineering, 2011, 103(3): 333-344.

[131] Barbin D. Elmasry G, Sun D-W, et al. Near-infrared hyperspectral imaging for grading and classification of pork [J]. Meat Science, 2012, 90(1): 259-268.

[132] Jun Q, Ngadi M, Wang N, et al. Pork quality classification using a hyperspectral imaging system and neural network [J]. International Journal of Food Engineering, 2007, 3(1): 1-12.

[133] Elmasry G, Sun D-W, Allen P. Non-destructive determination of water-holding capacity in fresh beef by using NIR hyperspectral imaging [J]. Food Research International, 2011, 44(9): 2624-2633.

[134] Elmasry G, Sun D-W, Allen P. Near-infrared hyperspectral imaging for predicting colour, pH and tenderness of fresh beef [J]. Journal of Food Engineering, 2012, 110(1): 127-140.

[135] Elmasry G, Sun D-W, Allen P. Chemical-free assessment and mapping of major constituents in beef using hyperspectral imaging [J]. Journal of Food Engineering, 2013, 117(2): 235-246.

[136] Wu J, Peng Y, Li Y, et al. Prediction of beef quality attributes using VIS/NIR hyperspectral scattering imaging technique [J]. Journal of Food Engineering, 2012, 109(2): 267-273.

[137] Wu D, Wang S, Wang N, et al. Application of time series hyperspectral imaging (TS-HSI) for determining water distribution within beef and spectral kinetic analysis during dehydration [J]. Food and Bioprocess Technology, 2013, 6(11): 2943-2958.

[138] Barbin D F, Elmasry G, Sun D-W, et al. Predicting quality and sensory attributes of pork using near-infrared hyperspectral imaging [J]. Analytica Chimica Acta, 2012, 719: 30-42.

[139] Barbin D F, Elmasry G, Sun D-W, et al. Non-destructive determination of chemical composition in intact and minced pork using near-infrared hyperspectral imaging [J]. Food Chemistry, 2013, 138(2-3): 1162-1171.

[140] Barbin D F, Elmasry G, Sun D-W, et al. Non-destructive assessment of microbial contamination in porcine meat using NIR hyperspectral imaging [J]. Innovative Food Science & Emerging Technologies, 2013, 17: 180-191.

[141] Tao F, Peng Y, Li Y, et al. Simultaneous determination of tenderness and *Escherichia coli* contamination of pork using hyperspectral scattering technique [J]. Meat Science, 2012, 90(3): 851-857.

[142] Liu D, Pu H, Sun D-W, et al. Combination of spectra and texture data of hyperspectral imaging for prediction of pH in salted meat [J]. Food Chemistry, 2014, 160: 330-337.

[143] Liu D, Sun D-W, Qu J H, et al. Feasibility of using hyperspectral imaging to predict moisture content of porcine meat during salting process [J]. Food Chemistry, 2014, 152: 197-204.

[144] Liu L, Ngadi M O. Predicting intramuscular fat content of pork using hyperspectral imaging [J]. Journal of Food Engineering, 2014, 134: 16-23.

[145] Kamruzzaman M, Elmasry G, Sun D-W, et al. Non-destructive prediction and visualization of chemical composition in lamb meat using NIR hyperspectral imaging and multivariate regression [J]. Innovative Food Science & Emerging Technologies, 2012, 16: 218-226.

[146] Kamruzzaman M, Elmasry G, Sun D-W, et al. Non-destructive assessment of instrumental and sensory tenderness of lamb meat using NIR hyperspectral imaging [J]. Food Chemistry, 2013, 141(1): 389-396.

[147] Kamruzzaman M, Sun D-W, Elmasry G, et al. Fast detection and visualization of minced lamb meat adulteration using NIR hyperspectral imaging and multivariate image analysis [J]. Talanta, 2013, 103: 130-136.

[148] Feng Y Z, Sun D-W. Determination of total viable count (TVC) in chicken breast fillets by near-infrared hyperspectral imaging and spectroscopic transforms [J]. Talanta, 2013, 105: 244-249.

[149] Iqbal A, Sun D-W, Allen P. Prediction of moisture, color and pH in cooked, pre-sliced turkey hams by NIR hyperspectral imaging system [J]. Journal of Food Engineering, 2013, 117(1): 42-51.

[150] Talens P, Mora L, Morsy N, et al. Prediction of water and protein contents and quality classification of Spanish cooked ham using NIR hyperspectral imaging [J]. Journal of Food

Engineering, 2013, 117(3): 272-280.

[151] He H J, Wu D, Sun D-W. Potential of hyperspectral imaging combined with chemometric analysis for assessing and visualising tenderness distribution in raw farmed salmon fillets [J]. Journal of Food Engineering, 2014, 126: 156-164.

[152] He H J, Wu D, Sun D-W. Rapid and non-destructive determination of drip loss and pH distribution in farmed Atlantic salmon (*Salmo salar*) fillets using visible and near-infrared (Vis-NIR) hyperspectral imaging [J]. Food Chemistry, 2014, 156: 394-401.

[153] He H J, Sun D-W, Wu D. Rapid and real-time prediction of lactic acid bacteria (LAB) in farmed salmon flesh using near-infrared (NIR) hyperspectral imaging combined with chemometric analysis [J]. Food Research International, 2014, 62: 476-483.

[154] He H J, Wu D, Sun D-W. Non-destructive and rapid analysis of moisture distribution in farmed Atlantic salmon (*Salmo salar*) fillets using visible and near-infrared hyperspectral imaging [J]. Innovative Food Science & Emerging Technologies, 2013, 18: 237-245.

[155] Wu D, Sun D-W, He Y. Application of long-wave near infrared hyperspectral imaging for measurement of color distribution in salmon fillet [J]. Innovative Food Science & Emerging Technologies, 2012, 16: 361-372.

[156] Wu D, Sun D-W, He Y. Novel non-invasive distribution measurement of texture profile analysis (TPA) in salmon fillet by using visible and near infrared hyperspectral imaging [J]. Food Chemistry, 2014, 145: 417-426.

[157] Wu D, Sun D-W. Application of visible and near infrared hyperspectral imaging for non-invasively measuring distribution of water-holding capacity in salmon flesh [J]. Talanta, 2013, 116: 266-276.

[158] Wu D, Sun D-W. Potential of time series-hyperspectral imaging (TS-HSI) for non-invasive determination of microbial spoilage of salmon flesh [J]. Talanta, 2013, 111: 39-46.

第 2 章　高光谱成像系统

2.1　高光谱成像原理

2.1.1　高光谱成像的定义和特点

高光谱成像技术通过在电磁波（包括可见光、近红外、中红外和远红外）范围内，扫描样品并获取其在每一波长处的大量光学图像，是具有高的光谱和空间分辨率的现代光学成像技术，是一门化学或光谱的成像技术，又称为化学成像技术或者光谱成像技术[1]。高光谱成像技术是从 20 世纪 80 年代发展起来的航空遥感技术[2]，用于海洋监测、森林探火、地质矿产资源勘探等[3-5]。近年来，随着食品工业新技术的不断创新与发展，高光谱成像技术已经逐渐开始用来检测和评价食品安全品质及测定内部化学指标等[6-10]。

高光谱成像技术是集精密光学机械、传感器、计算机、微弱信号检测和信息处理技术为一体的综合性技术。它集成光谱技术和图像技术到一个系统，不仅具有两者的特点和功能，还有自己独特的功能[11]。高光谱成像的基本原理是在测得许多连续光谱的同时获得被测样品空间位置的图像。光谱和成像的结合使得该系统能够提供样品的物理与几何形状信息，同时也能对该物质的化学组成做出光谱分析，可以同时获得光谱信息和图像信息[9]。对于获得的光谱信息，主要表征为这些光谱信息与样品内部的化学成分及物理特征有着直接联系，不同的特性有着不同的吸收率、反射率等，反映出在特定波长处有对应的吸收值，所以根据每个特定波长处的吸收峰值推算出样品中的物质属性，这一特征称为光谱指纹[9]。每一个光谱指纹都可以代表一个物体独一无二的特性，这为物质的区别、分类和检测工作提供了很大便利。

2.1.2　高光谱图像特点

该技术所获得的高光谱图像数据是三维的，也称为超立方体、光谱方、数据方等[12]。它是一个三维的数据库，包括一个两维空间维度和一个一维光谱维度。也就是说，从每一个波长单元看上去，高光谱图像是一幅幅二维的图像，而从每一个二维单元看过去，便是一条条光谱的图像，如图 2-1 所示。其中有两维是图像像元的空间信息（坐标上以 x 和 y 表示），有一维是波长信息（坐标上

以 λ 表示）。即是，一个空间分辨率为 $x \times y$ 像素的图像检测器阵列在每个波长 λ_i（$i = 1, 2, 3, \cdots, n$；其中 n 为正整数）得到一幅二维图像，组成样品的图像立方体是 $x \times y \times n$ 的三维阵列[13]。

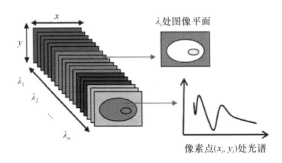

图 2-1　高光谱图像立方体示意图（另见彩图）

Figure 2-1　Hypercube information of hyperspectral image

高光谱图像立方体中，相邻波长的图像非常相似，而距离较远波长处的图像则差异较大，携带着不同的信息。从表 2-1 可见，HSI 实现了"图谱合一"，图像信息可以用来检测样品的外部品质，而光谱信息则可以用来检测样品的内部品质和安全性[13]。

表 2-1　光谱、图像、多光谱成像和 HSI 4 种技术的主要区别

Table 2-1　Main differences of spectroscopy，imaging，multispectral imaging and HSI

特点和功能	光谱技术	图像技术	多光谱成像	高光谱成像
光谱信息	有	无	有限	有
空间信息	无	有	有	有
多组分信息	有	无	有限	有
对小尺寸目标的检测能力	无	有	有	有
光谱提取的灵活性	无	无	有	有
品质属性分布的可视化	无	无	有限	有

此外，没有一条单独波长的图像可以充分描述被测样品的特征，这体现出高光谱成像技术在分析物体方面的独特优势。另外，由于图谱中相似光谱特性的像元具有相似的化学成分，通过图像处理可以实现样品组成成分或理化性质像素水平的可视化[14]；最后，多光谱成像和高光谱成像一样也是成像光谱技术，在特点和功能上与高光谱成像很相近，但是由于其光谱分辨率较低（通常波段宽度约为 100 nm），不能提供样品每个像元真实的光谱曲线，因此一些功能大大受限。

2.1.3 高光谱图像采集模式

根据高光谱图像的形成和获取方式，其采集方式主要分为 4 种，包括点扫描、线扫描、面扫描和单景扫描[15]，详见图 2-2。从图 2-2（a）可见，第一种点扫描方式，也称为掸扫式，每次只能采集一个像元的光谱，再沿着空间维方向（x 或 y）移动检测器或者样品来扫描下一个像元；高光谱图像以波段按像元交叉（band-interleaved-by-pixel，BIP）格式储存，BIP 是第一像元的所有波段按先后顺序储存，再接着储存下一个像元的所有波段直到最后一个像元，在这个过程中各波段按像元相互交错。由于点扫描每次只能采集一个像元的光谱，为采集完整的高光谱图像频繁地移动检测器或者样品，非常耗时，不利于快速检测，因此该方式常限于对微观对象的检测。第二种扫描方式是线扫描，也称为推扫式，如图 2-2（b）所示，它每次扫描记录的是样品图像上一条完整的线，同时也记录了这条线上对应每个点的光谱信息；再沿着空间维 x 方向扫描下一行直到获得完整的高光谱图像；高光谱图像是以波段按行交叉（band-interleaved-by-line，BIL）格式储存，BIL 是以扫描行为单位依次记录各波段同一扫描行数据，图像顺序按第一个像元所有的波段，紧接着是第二个像元的所有波段直到像元总数为止。由于该方式是在同一方向上的连续扫描，特别适用于输送带上方样品的动态监测，因此该方式是食品品质检测时最为常用的图像采集方式。但是，该方式存在这样的缺点，即将所有波长的曝光时间都设为一个值，同时为了避免任何波长的光谱发生饱和，曝光时间就要设成足够短，这就造成某些光谱波段曝光不足导致光谱测量结果不准确。不同于点扫描和线扫描在空间域进行扫描的方式，面扫描方式是在光谱域进行的扫描 [图 2-2（c）]。第三种面扫描方式每次可以在同一时间采集单一波长下完整的二维空间图像，再沿着光谱维扫描下一波段的图像直到获得完整波段的高光谱图像；高光谱图像是以波段顺序（band sequential，BSQ）格式储存，BSQ 是以波段为单位，每个波段所有扫描行依次记录，每行数据后面紧接着同一波段的下一行数据。由于该方式不需要移动样品或者检测器，很适合于应该维持固定状态一定时间的对象，但是通过它获取高光谱图像时需要转换滤光片或调节可调滤波器，因此它并不适合于移动样品的实时检测，一般用于波段及图像数目较少的多光谱成像系统。第四种方式是单景扫描 [图 2-2（d）]，它是一个大面积检测器通过一次曝光采集到包括空间和光谱信息在内的完整高光谱图像。由于它的发展还处于起始阶段，存在空间分辨率有限和光谱范围较窄的问题，但是它仍然是未来快速高光谱成像发展所需要的。

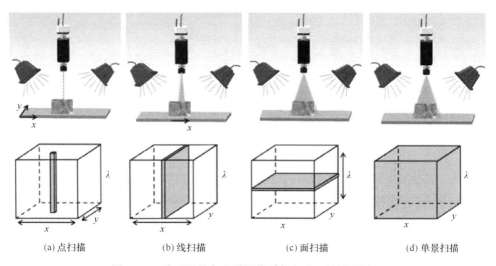

(a) 点扫描　　　　　(b) 线扫描　　　　　(c) 面扫描　　　　　(d) 单景扫描

图 2-2　　4 种不同的高光谱图像采集方式（另见彩图）

Figure 2-2　Four different acquisition approaches of hyperspectral images

2.1.4　高光谱成像传感模式

　　光与肉品肌肉生物组织的相互作用是涉及光反射、吸收、散射和透射的复杂现象。对于散射强烈的生物材料来说，绝大多数的光要经过多重散射后才能被吸收。研究发现：当光照射在物体表面时，只有 4%的光在物体表面直接发生镜面反射，其余的绝大部分的入射光会进入到生物组织内部，组织内部的一部分光子被组织细胞吸收，一部分发生后向散射返回到物体表面产生漫反射光，还有一部分继续向前移动发生透射[16]。光的吸收主要与肌肉生物组织内部的生化组成有关，其原理是利用生物组织的如 C—H、N—H、O—H 等含 H 基团的伸缩振动的各级倍频以及伸缩振动与弯曲振动的合频吸收进行光谱分析的；而光的散射则受到肉类本身结构和物理性质（细胞结构、密度、微粒尺寸）的影响。另外，光在生物组织内部的传输、分布情况与组织内部的生化特定和代谢过程中的物质变化有着密切关系。当光进入肉类组织内部时，一方面，由于肌红蛋白及其降解物质等生物色素的吸收而发生衰减，另一方面，光在内部与肉微观结构如结缔组织和肌纤维之间的撞击而改变传播方向，引起光向不同的方向散射[16]。

　　根据光源和成像光谱仪之间的位置关系，高光谱图像的传感模式可以分为 3 种方式：反射、透射和漫透射[15]，详见图 2-3。在图 2-3（a）中显示的反射模式中，光源位置和成像光谱仪都处于样品的同一侧，检测器获取从被照样品反射的光波。光的反射分为镜面反射和漫反射，其中镜面反射光没有进入样品，未与样品内部发生交互作用，因此它没有承载样品的结构和组分信息，不能用于样品的定性和定量分析；相反地，漫反射光进入样品内部后，经过多次反射、衍射、折射和吸收后返回样品表面，因此承载了样品的结构和组分信息，漫反射光谱经过库贝尔卡-芒克（K-M）方程校正后可对样品进行定性和定量分析[17]。样品的外部品质通常采用该模式进行检测，如颜色、形状、大小、表面纹理和表皮缺陷，等等。由图 2-3（b）可见，透射模式中光源位置和成像光谱仪是分别处于样品的两侧，检测器采集到从样品透射过的光波。当光波通过物质时，光子会和物质的原子发生交互作用，一部分光子被吸收，它的能量转化为其他形式的能量，另一部分光子被物质散射后方向发生了改变。光波在原来方向上的强度减弱了，被物质原子吸收了一部分。物质对光波的宏观吸收规律，即光波的强度衰减服从指数吸收规律[18]。因此，透射光谱携带样品内部珍贵的结构和组分信息，可以对样品进行定性和定量分析，但是通常比较微弱且受样品厚度影响较大。该传感模式通常被用于检测样品内部组分浓度和相对透明物质的内部缺陷，如果蔬、鱼肉，等等。第三种传感模式是漫透射模式［图 2-3（c）］，其中光源和成像光谱仪都在样品的同一侧，但是两者之间用黑色隔板隔开，照在样品上的反射光被挡住不能进入成像光谱仪，只有进入样品的光波经漫透射后回到样品表面，才能被成像光谱仪捕获到。

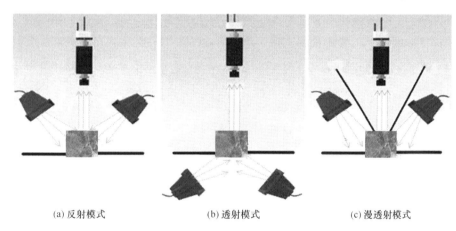

(a) 反射模式　　　　　　　　(b) 透射模式　　　　　　　　(c) 漫透射模式

图 2-3　3 种不同的高光谱图像传感模式（另见彩图）

Figure 2-3　Three different sensing modes to acquire hyperspectral images

　　漫透射是指光波透过物质时分散在各个方向，即不呈现折射规律，与入射光方向无关，表征漫透射的指标有漫透射率和吸光度。由于该模式不仅可以获取样品深层信息，还可以避免其形状、外表面及厚度的影响，因此较反射和透射模式具有特殊优势[19]。

2.2 高光谱成像构件

高光谱成像系统是获取可靠、高质量的高光谱图像所需要的基础的和最重要的仪器设备。由于高光谱图像传感模式的不同，一般高光谱成像系统可分为 3 种：反射成像系统、透射成像系统和漫透射成像系统。尽管它们之间有所不同，但是都是由光源、波长色散装置、镜头、CCD 相机、步进电机、移动平台、计算机和数据采集软件等器件组成。为了避免外界环境光的干扰，整套系统会置于暗室或暗箱中。以下对各主要器件进行逐一介绍。

2.2.1 光源

光源产生光波并以此作为激发或者照明样品的信息载体，是高光谱成像系统的重要组成器件。常用于高光谱成像系统的光源，包括：卤素灯、发光二极管（light emitting diode，LED）、激光以及可调谐光源，具体介绍如下。

（1）卤素灯是一种热辐射光源，作为一种宽波段照明光源，常用于可见光和近红外光谱区域的照明。尤其是卤钨灯，它是由钨丝为灯丝、碘或者溴为卤素气体的石英玻璃灯，在低压状态工作，可以产生一组波长范围在可见光和红外线之间的平滑、高强度和连续光谱的光波，是一种通用照明光源。但是，卤素灯也存在一些缺点，如相对较短的使用寿命、高热量输出、由于温度变化易导致光谱峰位发生偏移，以及因操作电压波动和对振动的敏感易导致输出不稳定。

（2）LED 是一种半导体光源，不需要靠灯丝发射光波，其原理是当半导体充电时，LED 产生紫外线、可见光和红外线区域的窄波段光波，还有高强度的宽波段白光。目前，LED 的波长范围主要是从紫外线到短波近红外，也有少数发射长波近红外到中红外区域的光波。由于具有方向性分布的能力，LED 在一个方向上发射的光子不会有能量损失，很适合于现场照明。它具有很多优点，包括：形状小、成本低、反应快、寿命长、产热少、耗能低、鲁棒性强、对振动不敏感等。因此，LED 开始被用于针对食品检测的高光谱成像系统的照明单元。但是，LED 也存在一些缺点，如对宽的电压波动和结点温度很敏感，光强度较卤素灯低，还有多个 LED 用在灯泡中会产生模糊光等。随着新材料和电子产品的发展，LED 技术有望成为主流的光源。

（3）激光是有方向性的单色光，被广泛用于荧光和拉曼检测的激发光源。激光器以受激辐射的方式产生激光，包括 3 个基本组成部分，分别是：工作物质，它能够实现能级跃迁，可激发的波长范围由 X 射线到红外线，是激光器的核心；激励能源（也称为光泵），通常可以是光能源、热能源、电能源和化学能源等，其作用是给工作物质以能量，即将原子由低能级激发到高能级的外界能量，是产生激光的必要条件；光学谐振腔，它的作用是使工作物质的受激辐射连续进行，选择激光的方向性，同时提高激光的单色性，是激光器的重要部件。激光最大的特点是亮度极高、能量高度集中，方向性、单色性和相干性好。当样品被激光照射时，样品中的某些组分分子的电子会被激发并发射宽波长范围的较低能量的光波，从而产生荧光发射和拉曼散射。荧光高光谱成像和拉曼成像技术都能承载样品像素水平的组分信息，可以检测样品品质的微小变化。

（4）可调谐光源是把宽波段的照明和波长色散装置结合在一起，可以将光波分散到特定波段。它能够在照明光路上直接调谐波长色散装置，允许通过面扫描来采集样品的空间和光谱信息。由于一次只有窄的波段的光波入射到样品，因此可调谐光源的光强度相对较弱。它目前主要被用于面扫描，不适用于点扫描和线扫描，也不适用于传送带上的样品检测。

2.2.2　波长色散装置

对于采用宽波段照明光源的高光谱成像系统来说，波长色散装置是非常重要的，它可以把宽波段光波分散到不同的波长。常见的装置，包括滤波轮、成像光谱仪、可调谐滤波器、傅里叶变换成像光谱仪和单景相机。它们具体的特点和功能，如下所述。

（1）滤波轮携带一组离散的带通滤波片，是最基本和最简单的滤波色散装置。它可以有效地传送特定波长的光波而消除其他波段的光波；在一个从紫外线、可见光到近红外线的较宽波长范围内有各式各样的滤波片，通常可以满足不同的需求。由于滤波片的移动，滤波轮会受到移动部件带来的机械振动、波长转换慢和图像不匹配的限制。

（2）成像光谱仪通常用于线扫描方式，可以把入射的宽波段光波瞬间色散到不同的波长下并且不需要通过移动部件就能产生扫描线上每个像元的光谱。它一般使用衍射光栅来进行波长色散；衍射光栅是一种由密集、等间距平行刻线构成的光学器件，分为反射和透射两大类，可以将光波按波长依次分开。推扫型成像光谱仪根据采用的光栅不同，主要分为透射光栅型和反射光栅型。透射光栅型最常使用的是棱镜-光栅-棱镜（prism-grating-prism，PGP）成像光谱仪。由图 2-4（a）可见，PGP 成像光谱仪的工作原理是：入射光束在通过入射狭缝后，被前端的镜头准直，接着以透射的方式在 PGP 组合被色散到不同的波长；最后，色散开的光波通过后端的镜头被投射到一个平面检测器上并生成一个二维的矩阵，其中一维表示一组连续的光谱，另一维表示空间信息[20]。透射光栅型采用的是在轴成像设计，能够有效避免像散等问题从而获得更好的成像质量。虽然它可透过入射光，但大部分光将不会通过入射狭缝，还有受光栅基板的限制，衍射的角度不如反射光栅大，因此透射光栅型的性能较差。反射光栅型是另外一种主要的成像光谱仪，其最常使用的凸面光栅分光的成像光谱仪，一般包括：入射狭缝、两个同心球面反射镜、凸面反射光栅和平面检测器，如图 2-4（b）所示。凸面光栅成像光谱仪的工作原理是：入射光束在通过入射狭缝后，经第一个球面反射镜成为平行光，接着由凸面反射光栅依据它们的波长不同色散到不同的传播方向，色散后的光波再经另一个球面反射镜进入平面检测器，最后不同像元的连续光谱由此获得[21]。反射光栅型采用的是离轴成像设计，从紫外线到红外线的光谱区域内无吸收，无高阶色差、低畸变、低焦距比数、高信噪比和较大的衍射角度[22]。但是，反射光栅型存在一个主要的缺点，是需要使用昂贵的方法来纠正本身固有的成像畸变；而透射光栅型采用同轴光学器件就自动减少了成像畸变。

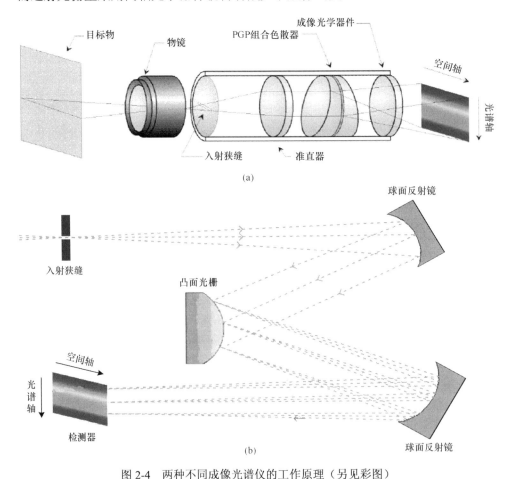

图 2-4 两种不同成像光谱仪的工作原理（另见彩图）

Figure 2-4 Working principle of two different imaging spectrographs

（3）可调谐滤波器包括声光可调谐滤波器和液晶可调谐滤波器。声光可调谐滤波器是根据声光衍射原理制成的分光器件，它由晶体和键合在其上的换能器构成，换能器将高频的射频驱动电信号转换为在晶体内的超声波振动，超声波产生了空间周期性的调制，其作用像衍射光栅，具有光的调制、偏转和滤光等方面的功能[23]。由于入射光照射到可调谐滤波器后，其衍射光的波长与高频驱动电信号的频率有着一一对应的关系，当声波和光波的动量满足动量匹配条件时，则相应的光波被衍射，单一波长的光波就从宽波段光源中隔离出。因此，只要改变射频驱动信号的频率，即可改变衍射光的波长，从而达到了分光的目的。液晶可调谐滤波器是根据液晶的电控双折射效应和偏振光的干涉原理制成的光学器件，它由若干平行排列的利奥型滤光片级联而成，每级利奥型滤光片由石英晶体、两个平行的偏振片和液晶层组成，它具有功耗低、带宽窄、调谐范围宽、结构简单、驱动电压低、孔径大、视场角宽、部件无移动等优点[24]。根据双折射效应可知，当某一波长的光经过前一个偏振片后成为线偏振光，该线偏振光垂直于液晶层入射后，会产生平行于光轴振动的非常光和垂直于光轴振动的寻常光，它们再沿同一方向传播，但由于两光在液晶层内的传播速度不同，所以从液晶层出射后，寻常光和非常光间产生相位差，却不发生干涉；随着它们通过石英晶体后相位差进一步加大，通过后一个偏振片后，寻常光和非常光振动方向平行，便产生干涉。在温度恒定时，寻常光和非常光的透过比取决于波长和电压[25]，因此只要改变液晶层上的电压，透过比将随之改变，进而达到调谐波段的目的。可调谐滤波器有着许多优点，如适中的光谱分辨率（5~20 nm），宽的波长范围（400~2500 nm），以及它无须移动器件，不会有速度限制、机械振动和图像失配等问题。但是它们仍然存在一些缺点，如高焦距比数导致小的光收集角度和低的光收集效率，需要线性偏振的入射光引发 50% 的光损失，还有在较弱照明的条件下，与成像光谱仪相比需要更长的曝光时间。

（4）傅里叶变换成像光谱仪可采集样品的二维空间信息和一维光谱信息，是成像光谱仪的典型代表，它采用傅里叶变换干涉仪进行分光，进而产生包含光谱信息的干涉图，再由逆向傅里叶转换计算干涉图来解决宽波段光波的波长组分分离问题[26]。迈克尔逊型干涉仪和萨格纳克型干涉仪是目前傅里叶变换成像光谱仪主要的两种设计。两者都包括一个分光镜和两个平面镜，它们的不同在于：前者把一个平面镜和分光镜固定在迈克尔逊型干涉仪上，另一个平面镜移动引入光程差以此产生干涉图；后者把两个平面镜都固定在萨格纳克型干涉仪上，分光镜可以被轻微地旋转从而产生干涉指纹图；再者，迈克尔逊型干涉仪的两个平面镜是彼此平行的，而萨格纳克型干涉仪上的两个平面镜不是平行的而是呈一定角度（<90°）[27]。由于没有移动的器件，萨格纳克型干涉仪有好的机械稳定性和紧密度，但有相对低的分辨率。与之相反的是，迈克尔逊型干涉仪

上移动的平面镜增加了它对振动的敏感性。一方面，迈克尔逊型干涉仪是基于像素的干涉，可以在两个空间维同时成像；但是，由于它需要一个时间间隔来移动平面镜的位置，因此为了好的光谱分辨率和高的信噪比，要花长时间来采集干涉图，而且只能测量空间光谱不随时间变化或者变化缓慢的光谱[28]。另一方面，萨格纳克型干涉仪类似于色散光谱仪，一次扫描仪采集一个空间维的信息和与之垂直的单一线上像元的光谱，通常再通过一个扫描场景或者移动平台采集另一空间维的信息。萨格纳克型干涉仪和色散光谱仪的区别，在于萨格纳克型干涉仪除了测量不同波长下的光谱，还增加了一个傅里叶变换的步骤。虽然傅里叶变换成像光谱仪存在一些需要改进的方面，但是也存在许多优点，如高的光谱分辨率、高的空间分辨率、宽波长范围和高光通量等。

（5）单景相机可以同时采集多路复用的空间和光谱数据，使得以视频帧速率获取一个数据立方体成为可能。它克服了空间扫描方法和光谱扫描方法不能一次采集完快速移动样品的高光谱图像的缺陷。尽管单景相机仍然处于起始阶段，但是已经有一些可用的系统，如图像映射光谱内窥镜[29]和图像映射光谱仪系统[30]等。当前单景相机在时间和光谱分辨率之间有一个权衡，即光谱分辨率越好，则时间分辨率越低；反之亦然。由于具有在毫秒时间尺度上获取高光谱图像的特点，单景相机在样品实时检测上显得特别先进。

2.2.3　主要平面检测器

平面检测器作为一种图像传感器，可以把入射光转换为电子并量化其获取的光强度。电荷耦合器件（charge-coupled device，CCD）和互补金属氧化物半导体（complementary metal-oxide-semiconductor，CMOS）相机是目前常见的两种固态平面检测器。由光敏材料制作的光电二极管是 CCD 和 CMOS 的基本单元（像元），能够把辐射能量转换为电信号，将图像转换为数据，即当光波被转化为电信号后，会通过一个模拟数据转换器被数字化并生成数据立方体。硅、砷化镓铟和碲镉汞是 3 种常用于高光谱成像仪器的材料，其中硅常用在紫外、可见和短波近红外区域内采集光谱信息[31]；砷化镓铟常用于检测波长范围在 900～1700 nm 的光谱[32]；碲镉汞常用于采集长波近红外（1700～2500 nm）区域的光谱[33]。关于 CCD 与 CMOS 检测器的详细介绍如下。

（1）CCD 检测器。CCD 是一种半导体光电转换器件，被广泛应用在紫外、可见、红外、荧光、原子发射和拉曼等多种光谱仪的换能器[34]。它由光敏单元、转移结构和输出结构组成；其中，光敏单元是 CCD 中注入和存储信号电荷的部分，转移结构是转移信号电荷的部分，输出结构是以电压或电流的形式输出信号电荷的部分。CCD 检测器的基本工作原理是，信号电荷的生成、存储、传送和检测，并实现二维的光学图像信号到一维的视频信号的转换。即先通过光注入和点注入方式产生信号电荷,电荷就存储在 CCD 的基本单元(金属-氧化物-半导体结构)中;接着每一行的每个像素的电荷数据都会依次传输到下一个像素中,由 CCD 末端输出,再经检测器边缘的放大器进行放大处理;最后,在 CCD 的输出端可以获取被测目标物的视频信号。

依据光敏单元的排列方式,CCD 可分为线阵 CCD 和面阵 CCD 两大类。第一大类,线阵 CCD 的光敏单元只有一列,它的光电转换(光敏区)和信号电荷转移(位移寄存器)是独立的两部分,单次感光只能获取一行图像数据。位移寄存器是由不透明的材料覆盖,可屏蔽光,其功能是从光电二极管收集和传递信号电荷,可避免在转移过程中由于感光而引起的图像不清。典型的线阵 CCD 芯片,是由一列光敏阵列和与之平行的两个位移寄存器组成,属于双通道型;当阵列光敏曝光一定时间后,随着驱动脉冲的作用,转移栅把信号电荷交替转移到两侧的位移寄存器,然后电荷由位移寄存器一位一位地输出,进而获取所需的光电信号[35]。第二大类,面阵 CCD 常用于获取二维的平面图像,其体系结构常见的有 3 种设计,分别是全帧型、帧转移型和行间转移型。它们的特点如下:①全帧型是最简单的结构,它由串行 CCD 位移寄存器、并行 CCD 位移寄存器和感光信号输出放大器组成;它是逐行地将聚集的信号电荷以并行的方式移入串行 CCD 位移寄存器,随后以串行数据流的形式移除,再由并行 CCD 位移寄存器感知和读出图像。采用全帧型的图像测量相对慢些,这是因为每一行需要通过一个机械的快门来控制它的逐行输出,以避免新产生行的干扰。②帧转移型,在结构上与全帧型很相似;唯一的差异是它增加了一个独立的不感光的并行位移寄存器,称为存储阵列。它先把从光敏区获得的图像很快地转移到存储阵列,再从存储阵列读出图像信息,在这一过程中,存储阵列也在积分下一帧的图像。帧转移型的优点是连续性和不需要快门,因此有更快的帧速率;但由于光积分导致图像的"拖影",降低了分辨率。③行间转移型是为了克服帧转移型"拖影"的缺点而设计。它通过在非感光的或遮光的并行读出 CCD 列之间形成隔离的光敏区的办法将感光和读出作用分开。它在读出的过程中,下一帧图像也在积分,因此它是连续性的,有较高的帧速率。但是,由于每个像元的光敏区域减少,降低了 CCD 的灵敏度,导致量子化误差增多。目前,采用联片透镜,可将整体量子效应至少提高 70%。简而言之,由于体积小、速度快、波长响应范围宽、噪声低、灵敏度高、分辨率高、功耗小、抗震性及抗冲击性好、寿命长等优点,CCD 检测器已经被广泛用于高光谱成像系统的检测器[36]。

(2)CMOS 检测器。CMOS 检测器是大规模数模混合集成电路,它将像素单元阵列、模数转换器、模拟信号处理器、偏置电压生成单元、数字逻辑单元、时钟生成单元、时序发生器和存储器等集成在一个芯片上,是图像处理技术的重要组成部分[37]。其工作原理是：首先，当光信号入射到感光区的像素阵列上，时序发生器对像素单元阵列复位后开始积分，此时光电二极管进行光电转换，把光信号转换为相关的电信号（电荷、电压或电流等）；在积分时间结束后，由行列选择译码器控制，依次选通行、列总线把电信号传送至模拟信号处理模块；接着，模拟信号处理模块把电信号放大后经相关双采样电路进行降噪处理；最后，电信号经模数转换器转换为数字信号输出。CMOS 检测器通过采用独特的同步快门方式，能够让所有像元同时复位并开始积分，积分时间结束后每个像元的电信号传送到像元内部的存储区并等待读出，因此，运动的目标物也不会产生模糊、变形或拖尾现象。由于成本低、读出速度快、功耗低和无拖尾等优势，CMOS 检测器已经成为高光谱成像领域的极具竞争力的检测器[38]。但由于转移和放大信号的芯片上电路产生比 CCD 检测器更多的噪声和暗流，CMOS 检测器的动态范围更小且灵敏度更低。

主要参考文献

[1] Gowen A A, O'donnell C P, Cullen P J, et al. Hyperspectral imaging-an emerging process analytical tool for food quality and safety control [J]. Trends in Food Science & Technology, 2007, 18(12): 590-598.

[2] Goetz A F, Vane G, Solomon J E, et al. Imaging spectrometry for earth remote sensing [J]. Science, 1985, 228(4704): 1147-1153.

[3] Chen X, Warner T A, Campagna D J. Integrating visible, near-infrared and short-wave infrared hyperspectral and multispectral thermal imagery for geological mapping at Cuprite, Nevada [J]. Remote Sensing of Environment, 2007, 110(3): 344-356.

[4] Kalacska M, Bohlman S, Sanchez-Azofeifa G A, et al. Hyperspectral discrimination of tropical dry forest lianas and trees: Comparative data reduction approaches at the leaf and canopy levels [J]. Remote Sensing of Environment, 2007, 109(4): 406-415.

[5] Robichaud P R, Lewis S A, Laes D Y M, et al. Postfire soil burn severity mapping with hyperspectral image unmixing [J]. Remote Sensing of Environment, 2007, 108(4): 467-480.

[6] Elmasry G, Wang N, Elsayed A, et al. Hyperspectral imaging for nondestructive determination of some quality attributes for strawberry [J]. Journal of Food Engineering, 2007, 81(1): 98-107.

[7] Gowen A A, O'donnell C P, Taghizadeh M, et al. Hyperspectral imaging combined with principal component analysis for bruise damage detection on white mushrooms (*Agaricus bisporus*) [J]. Journal of Chemometrics, 2008, 22(3-4): 259-267.

[8] Elmasry G, Barbin D F, Sun D-W, et al. Meat quality evaluation by hyperspectral imaging technique: An overview [J]. Critical Reviews in Food Science and Nutrition, 2012, 52(8): 689-711.

[9] Elmasry G, Kamruzzaman M, Sun D-W, et al. Principles and applications of hyperspectral imaging in quality evaluation of agro-food products: A review [J]. Critical Reviews in Food Science and Nutrition, 2012, 52(11): 999-1023.

[10] Cheng J H, Sun D-W. Hyperspectral imaging as an effective tool for quality analysis and control of fish and other seafoods: Current research and potential applications [J]. Trends in

Food Science & Technology, 2014, 37(2): 78-91.

[11] 刘木华, 赵杰文, 郑建鸿, 等. 农畜产品品质无损检测中高光谱图像技术的应用进展[J]. 农业机械学报, 2006, 36(9): 139-143.

[12] Huang H, Liu L, Ngadi M O. Recent developments in hyperspectral imaging for assessment of food quality and safety [J]. Sensors (Basel), 2014, 14(4): 7248-7276.

[13] 彭彦颖, 孙旭东, 刘燕德. 果蔬品质高光谱成像无损检测研究进展[J]. 激光与红外, 2010, 40(6): 586-592.

[14] Sun D-W. Hyperspectral Imaging for Food Quality Analysis and Control [M]. San Diego, California, USA: Elsevier, 2010: 20-22.

[15] Wu D, Sun D-W. Advanced applications of hyperspectral imaging technology for food quality and safety analysis and assessment: A review-Part I: Fundamentals [J]. Innovative Food Science & Emerging Technologies, 2013, (19): 1-14.

[16] 张雷蕾. 冷却肉微生物污染及食用安全的光学无损评定研究[D]. 中国农业大学博士学位论文, 2015.

[17] 邱雁. 漫反射光谱的理论与应用研究[D]. 同济大学硕士学位论文, 2007.

[18] 孟庆霞. 透射光谱成像技术在中药鉴定及快速无损检测中的应用研究[D]. 暨南大学博士学位论文, 2010.

[19] 张若宇, 饶秀勤, 高迎旺, 等. 基于高光谱漫透射成像整体检测番茄可溶性固形物含量[J]. 农业工程学报, 2013, 29(23): 247-252.

[20] 朱善兵, 季轶群, 宫广彪, 等. 棱镜-光栅-棱镜光谱成像系统的光学设计[J]. 光子学报, 2009, 38(9): 2270-2273.

[21] 撖芄芄. 成像光谱仪同心光学系统的研究[J]. 中国光学与应用光学, 2009, (2): 157-162.

[22] Bannon D, Thomas R. Harsh environments dictate design of imaging spectrometer [J]. Laser Focus World, 2005, 41(8): 93-97.

[23] 刘石神. 声光可调谐滤波器及其在成像光谱仪上的应用[J]. 红外, 2004, (7): 12-17.

[24] 杜丽丽, 易维宁, 张冬英, 等. 基于液晶可调谐滤光片的多光谱图像采集系统[J]. 光学学报, 2009, 29(1): 187-191.

[25] Yun M J, Li G H, Wu F Q, et al. Characteristics of Lyot tunable liquid crystal filters [J]. Acta Optica Sinica, 2003, 23(5): 627-631.

[26] 王文丛, 梁静秋, 梁中翥, 等. 中波红外傅里叶变换成像光谱仪后置成像系统分析与设计[J]. 光学学报, 2014, (6): 238-244.

[27] 杨庆华. 高光谱分辨率时间调制傅氏变换成像光谱技术研究[D]. 中国科学院研究生院(西安光学精密机械研究所)博士学位论文, 2009.

[28] 赵海涛, 裴彦军, 郭海雷, 等. 傅里叶变换成像光谱技术在化学战剂遥测中的应用[J]. 舰船科学技术, 2006, 28(2): 80-82.

[29] Kester R T, Bedard N, Gao L, et al. Real-time snapshot hyperspectral imaging endoscope [J]. Journal of Biomedical Optics, 2011, 16(5): 5-12.

[30] Gao L, Bedard N, Hagen N, et al. Depth-resolved image mapping spectrometer (IMS) with structured illumination [J]. Optics Express, 2011, 19(18): 17439-17452.

[31] Park B, Kise M, Windham W R, et al. Textural analysis of hyperspectral images for improving contaminant detection accuracy [J]. Sensing and Instrumentation for Food Quality and Safety, 2008, 2(3): 208-214.

[32] Elmasry G, Iqbal A, Sun D-W, et al. Quality classification of cooked, sliced turkey hams using

NIR hyperspectral imaging system [J]. Journal of Food Engineering, 2011, 103(3): 333-344.

[33] Manley M, Williams P, Nilsson D, et al. Near infrared hyperspectral imaging for the evaluation of endosperm texture in whole yellow maize (*Zea maize* L.) kernels [J]. Journal of Agricultural and Food Chemistry, 2009, 57(19): 8761-8769.

[34] 王兴华, 李宝华, 于爱民, 等. 基于线阵 CCD 检测器的芝麻油掺假速测仪[J]. 现代科学仪器, 2007(1): 22-24.

[35] 赵劼, 刘铁根, 李晋申. 基于 DM642 的高速图像识别系统设计[J]. 电子测量与仪器学报, 2007, 21(1): 86-89.

[36] 刘志红, 王庆有. CCD 检测器在 ICP-AES 中的应用研究: Ⅰ. CCD 光谱仪的研制[J]. 分析仪器, 1994, (4): 1-3.

[37] 李天琦. CMOS 图像传感器像素光敏器件研究[D]. 哈尔滨工程大学硕士学位论文, 2013.

[38] 于帅. 基于 CMOS 图像传感器的高速相机成像电路设计与研究[D]. 中国科学院研究生院(上海技术物理研究所)硕士学位论文, 2014.

第 3 章　高光谱数据处理方法

高光谱数据是一个三维的数据块，主要包括图像信息和光谱信息，本章分别从图像数据处理和光谱数据处理进行分析。

3.1　图像数据处理

在肉品肌肉生物组织光学无损检测实验过程中，由于受光学检测系统内部和外部因素的干扰，采集的光谱图像不可避免地存在一些噪声，如由于光和电基本性质引起的噪声，仪器在长时间工作中产生的热噪声，图像传输过程中光量子在时间空间变化中形成的噪声、载物台运动引起的机械噪声等，这些噪声均会影响图像的质量，因此，采集图像后，要先消除或抑制图像中的噪声信号，以保证图像后续处理的精度。另外，高光谱成像技术运用数字图像处理技术，即利用计算机软件对图像进行处理，处理内容丰富，准确度高。以下主要介绍与本研究有关的图像处理方法，主要包括图像黑白校正（image calibration）、尺寸大小调整（image resize）、建立掩膜（build mask）、图像分割（image segmentation）、感兴趣区域（region of interest）选择等。

3.1.1　高光谱图像黑白校正

高光谱成像系统所获得的原始光谱数据反映的是 CCD 检测器的信号强度而不是光谱反射率，原始光谱数据很容易受光源强度和检测器信号灵敏度的影响而产生各种噪声。因此在采集高光谱图像之前必须要进行黑白校正。在采集环境稳定的情况下，盖上相机镜头盖（反射率可视为 0）所获取的全黑高光谱图像记作 R_B，用白板（反射率可视为 100%）代替肉品样本所采集到的标准白色校正板高光谱图像记为 R_W，利用公式（3-1）对原始图像 R_0 进行校正，校正后图像记为 R_C。

$$R_C = \frac{R_0 - R_B}{R_W - R_B} \times 100\% \tag{3-1}$$

3.1.2　图像尺寸大小调整

通过对高光谱图像进行尺寸规划，在保留样品信息完整性的前提下，可以去除一部分背景图像和不需要的波段，来节约图像处理和传输的时间并有效利用数据储存空间。运用 ENVI V4.8 软件（ITT Visual Information Solutions，Boulder，CO，USA），在 Basic tools 中选 resize，进行空间维度和光谱维度的降维，以降低数据量，进行无损压缩。

3.1.3　建立掩膜与图像分割

通过建立掩膜并对掩膜应用，可以实现图像分割，完全去除背景，保留样品完整信息，为接下来的数据处理提供支持。在 ENVI V4.8 软件中，运用 band math、build mask 和 apply mask 建立掩膜并应用。图像分割是指将图像中不同区域划分开来，分割出的区域作为下一步兴趣区域特征提取的对象，也可以选用阈值法，在 Matlab 的图像工具箱中实现。

3.1.4　感兴趣区域选择与光谱提取

在处理图像时，为了降低图像处理的计算量，提高信息处理效率，并不是所有区域都被选取用作下一步检测，只选取部分携带大量有效信息且能够引起观察者的注意、能对观察者产生刺激的区域进行研究，此区域称为感兴趣区域。提取图像的感兴趣区域使得图像处理的计算量得到大大的降低，信息处理效率也得到了有效的提高。在获取图像和反射比校准后，在 ENVI V4.8 软件中，用区域选择工具对样品肉中用传统方法测定的部分进行选择作为感兴趣区域，并提取相应的光谱信息，对所提取的光谱信息进行平均化，并记录保存。

3.1.5　高光谱图像降维

主成分分析（principal component analysis，PCA）是一种常用数据降维方法。对数据进行 PCA 处理后不仅可以降低数据维数、减轻运算压力，还可以隔离噪声信号。高光谱图像进行 PCA 处理是采用线性变换将高光谱图像转换到一个新的坐标系统，得到的主成分波段图像是原始波段图像的线性组合，且互不相关[1]。一般来说，主成分（principal component，PC）图像越靠前，包含原始波段图像的数据方差百分比就越大，即第一主成分图像（PC1）包含的数据方差百分比最大，第二主成分图像（PC2）次之，最后波段的主成分图像包含的方差百分比很小，噪声信号很大，图像质量差[2]。本研究中主成分分析是在图像处理软件 ENVI 中进行操作的。高光谱图像可看成是每个波段的灰度图像叠加而成的，这些灰度图像能反映图像的外部属性和几何结构的变化。纹理信息就是其中一种重要的外部属性，它反映像素的空间位置和亮度值变化，与肉品的品质有重要关系[3]。因此，通过提取这些灰度图像的纹理信息对于研究肉品品质有重要意义，但由于高光谱图像有上百个波段灰度图像，若每个灰度图像的纹理信息都进行提取需要花费大量时间和精力，因而往往先通过 PCA 方法选取几张包含较大数据方差百分比的主成分图像，再提取这几张灰度图像的纹理信息。

3.1.6　高光谱图像纹理信息

图像能在一定程度上反映对象物体的各种物理、化学特性。过去的十几年中，机器视觉和在线图像处理技术已广泛应用于食品质量评估和安全检验。不同测量目标的图像的特征千差万别[4]。从图像中提取有用且关键的信息的操作被称为图像特征提取，获取特征是图像分析的重要依据。通过特征提取能够有效地降低数据空间的维数，进而突出和挖掘测量目标的特点。常见的图像的特征一般包括颜色特征、形状特征和纹理特征等。

纹理特征是反映图像灰度的性质及其空间关系，是图像处理中一个重要而又难以描述的特性[5]。与其他图像特征不同，纹理特征是不依赖于物体表面亮度或色调而重点反映图像的灰度的空间排列分布。各种观测系统获得的图像，去除色彩后通常都可以看作以纹理为主导的纹理图像。图像纹理变化是高光谱中一个很重要的二维特征，反映对象光谱值的空间变化，即样本几何结构的变化。食品品质与其外部的几何结构信息密切相关，图像纹理在食品品质检测中的应用越来越广泛[5]。每张灰度图像都有图像纹理，每张高光谱图像都是由数百张灰度图像组成的，每批次实验样本都会产生上百张高光谱图像，因此提取每一张灰度图像的纹理特征变量所需的计算量无疑是惊人的。为了减少计算量，首先对高光谱图像进行主成分分析，获取能代表大部分原始信息的前几个主成分图像，再采用常用的纹理提取算法生成这些主成分图像信息的纹理特征变量。

灰度空间相关矩阵，又称为灰度共生矩阵，在灰度图像中反映两个像素灰度级在方向、相邻间隔、变化幅度上分布和排列规则，是分析图像局部结构及变化规律的基础。它很好地反映了纹理灰度级的相关性，在实践应用上，还需要由灰度共生矩阵进行二次统计，统计生成纹理特征量，更直观地描述图像在纹理方面的定量信息[6]。这种方法是依据一对邻域像素的灰度组合分布作为纹理测量，因此灰度共生矩阵被称为典型的二阶统计分析方法。灰度共生矩阵能有效地提取图像纹理信息，其本质上采用二阶概率统计原理。它表达图像灰度在相邻间隔、变化幅度和变化方向等方面的综合信息。首先将图像转换为 N_g 个灰度等级，由元素

$p(i,j|d,\theta)$（间距为 d，方向角为 θ，灰度分别为 i 和 j 的点对出现的概率，$i,j=1,2,\cdots,8$）所构成的矩阵生成灰度共生矩阵。然后计算图像中相邻两点在指定距离 d 和 θ 方向上亮度值之间的相关概率[7,8]。

$$G = \begin{bmatrix} p(1,1) & p(1,2) & \cdots & p(1,N_g) \\ p(2,1) & p(2,2) & \cdots & p(2,N_g) \\ \vdots & \vdots & \ddots & \vdots \\ p(N_g,1) & p(N_g,2) & \cdots & p(N_g,N_g) \end{bmatrix} \tag{3-2}$$

本节中生成灰度共生矩阵的距离 d 为 1，角度 θ 为 0°，灰度级 N_g 为 8。基于统计出的灰度共生矩阵，提取了每个主成分图像的 8 个二阶统计纹理变量：对比度（contrast）、相关性（correlation）、方差（variance）、熵（entropy）、方差和（sum variance）、和熵（sum entropy）、差的方差（difference variance）、差熵（difference entropy）。

另外一种常见的图像纹理信息提取算法为灰度梯度共生矩阵（GLGCM）。其常用来提取隐藏在图像中的纹理信息。具体介绍详见本书第 4 章内容。

3.2 光谱数据预处理

经过以上对感兴趣区域的选择以及对应的光谱的提取，为了降低外界因素的干扰以及提高模型的可靠性和精确性，有必要对获取的光谱数据进行预处理。本节重点阐述本研究中所涉及的几种光谱预处理方法。光谱预处理的内容包括：一是清除光谱图噪声或背景，如样品颜色、状态、测样仪器灯光及测量方式、周围环境温度等因素引起的光谱图重叠或漂移等；二是优化光谱图信息，选择突出反映被测样品信息的光谱区域，获得丰富的物质光谱信息，从而提高数据与光谱间运算速率、保障模型稳定性。

3.2.1 平滑

平滑处理是降低噪声的常用方法之一，通过对平滑点周边一定窗口大小范围的数据点值进行平均或拟合，从而求得平滑点的最佳评估值，以减少噪声对该数据点数值的干扰，提高信噪比。实验中常用的平滑算法有移动平均平滑法和 Savitzky-Golay 卷积平滑法。移动平均平滑法将光谱波长分为若干个区间，通过将各个分割后的区间相互重叠，如同将区间移动起来进行平滑。该方法的开窗宽度对算法影响较大，若宽度过大，会将一些特征吸收峰等有用信息过滤掉，导致光谱信号的失真；反之，则几乎没有去噪效果。Savitzky 和 Golay 提出了采用 Savitzky-Golay

卷积平滑法来解决上述问题。该方法采用最小二乘拟合系数建立滤波函数,不再仅仅使用简单的平均,而是对平滑移动窗口内的原始光谱数据进行拟合[9]。

3.2.2　微分

微分分析算法一般分为一阶微分法（1st derivative）和二阶微分法（2nd derivative）,对光谱微分为直接差分法和 Savitzky-Golay 求导法,这是近红外光谱分析中常用的校正方法。常用的用来消除基线漂移与谱带重叠、强化谱带特征及提高光谱分辨率的方法多采用一阶求导和二阶求导[10]。这两种方法的具体表达方式如下:

一阶求导:　$X(i) = [x(i+g) - x(i)]/g$　　　　　　　　　　　　（3-3）

二阶求导:　$X(i) = [x(i+g) - 2x(i) + x(i-g)] / g^2$　　　　　（3-4）

3.2.3　多元散射校正

Isaksson 和 Nas 提出多元散射校正（multiplicative scatter correction, MSC）,其目的是通过校正每个光谱的散射,以获得较为"理想"的光谱。该算法假定每一条光谱与"理想"的光谱之间都应该呈线性关系。虽然真正的"原始"光谱是无法获得的,但可以用原始样本的平均光谱数据来近似代替。多元散射校正最大可能地消除随机变异,校正后的光谱并非样品的原始真实光谱。当光谱与物质浓度之间线性关系较好且化学性质相似时,多元散射校正的效果比较好[11]。多元散射校正技术主要用来消除一些由于散射作用而产生的干扰信息,对实验有用的光谱吸收信息进而则会被增强[12]。该技术不能对单独光谱操作,它是通过评定每一个样品的散射光谱和参考样品的散射光谱之间的关系,得出所有光谱在同一散射水平上的光谱,计算得出平均光谱,并将其作为标准光谱,与每个样品的光谱进行一元线性回归运算,求得各光谱相对于标准光谱的倾斜偏移量和线性平移量[13]。从而可以有效消除样品之间由于散射导致的基线平移、偏移现象,提高吸光度光谱信噪比。多元散射校正的实现过程包括如下步骤。

步骤 1,对获取的光谱信息进行平均化:

$$\overline{A} = \frac{\sum\limits_{i=1}^{n} A_i}{n}$$　　　　　　　　　　　　（3-5）

式中,A 表示 $n \times p$ 维定标光谱数据矩阵,n 为定标样品数,p 为光谱采集所用的波长点数,$\overline{A}$ 表示所有样品的原始近红外光谱在各个波长点处求平均值所得到的平均光谱矢量,A_i 是 $1 \times p$ 维矩阵,表示单个样品光谱矢量。

步骤 2，对步骤 1 的平均光谱进行回归化：

$$A_i = m_i \overline{A} + b_i \tag{3-6}$$

式中，m_i 和 b_i 分别表示各样品近红外光谱 A_i 与平均光谱 $\overline{A}$ 进行一元线性回归后得到的相对偏移系数和平移量。

步骤 3，对每一条光谱进行散射化：

$$A_{i(\mathrm{MSC})} = \frac{A_i - b_i}{m_i} \tag{3-7}$$

3.2.4　变量标准化

变量标准化（standard normalized variate，SNV）算法可以校正样本间由散射引起的光谱误差。SNV 校正计算思想是：各个波长点上吸光度不同，从而每个样本会由各波长点上不同的吸光度形成一条光谱分布曲线，该曲线一般满足某种分布特征，SNV 算法原理是将原始光谱数据减去它的平均值 $\overline{X}$ 后，再除以它的标准偏差 σ 后得到新的光谱矩阵信息。其计算的实质是对原始光谱进行标准正态化处理，经过处理的光谱矩阵数据均值变为 0，标准差值为 1。SNV 校正只能用来消除样品光谱的线性平移影响，所以其表示形式为 $\log_{10}(1/R)$ 或 K-M 函数。用样品的均值和方差对光谱进行校正，可以有效消除散射噪声干扰[12,14]。若将近红外光谱数据表示为 $X_{i,j}$（其中，$i=1,2,3,\cdots,n$，n 为样本个数；$j=1,2,3,\cdots,m$，m 为波长点数），校正公式为

$$X_i = \frac{X_i - \overline{X}_i}{\sigma_i} \tag{3-8}$$

其中：

$$\overline{X}_i = \frac{1}{m} \sum_{j=i}^{m} X_{i,j} \tag{3-9}$$

$$\sigma_i = \sqrt{\frac{1}{m} \sum_{j=1}^{m} (X_{i,j} - \overline{X}_i)^2} \tag{3-10}$$

式中，$\overline{X}_i$ 为样品的光谱平均值；σ_i 为样品光谱的标准差；X_i 为第 i 个样品的光谱适量。

3.3　光谱特征变量选择方法

采用高光谱技术对肉品进行无损检测时，实验所获取的数据量大，波段数众多（由几百甚至上千个波段组成），所以获取的整体数据矩阵非常大。在这庞大的

数据矩阵中，有很多信息是重复的或者是无信息变量甚至可能是影响数据模型结果的噪声数据，这对于数据分析中模型的准确度、分析的速度都非常不利，若采用全波段建模则会导致以下几个方面的问题：一是降低模型的精度，光谱变量间的强相关性及噪声容易将无用的信息变量引入到模型中从而导致模型精度的降低，虽然通过一些预处理方法可以弱化噪声的影响，在一定程度上提高模型的精度，但是预处理方法对于去除无用的信息变量无能为力[15-17]。因此，通常的做法是采用一定的方法寻找到对于建模有效的波长变量，删除冗余变量，减少波长变量个数，优化模型，提高模型预测精确度，我们称之为特征变量选择。选出的特征变量必须是和被检测物质成分有关的波长变量，原理是这些波长点往往是该物质成分官能团的吸收峰[17]。通过特征波长选择算法的研究，优选出与肉品各品质指标密切相关的高光谱特征波长，一方面可以提高模型的精度和建立效率；另一方面，可依据从高光谱数据中优选的特征波长选择相应的滤光片，构建检测速度快、成本低、精度高的肉品品质多光谱在线无损检测系统或便携式检测设备。

　　常用的特征波长选择方法有基于区域的特征波长选择方法和基于单个变量的特征波长选择方法两类。其中，基于区域的特征波长选择方法主要有间隔偏最小二乘法、组合区间偏最小二乘法、后向区间偏最小二乘法等。基于单个变量的特征波长选择方法主要有主成分分析法（principal component analysis，PCA）、回归系数法（regression coefficient，RC）、无信息变量消除法（uninformative variables elimination，UVE）、连续投影算法（successive projections algorithm，SPA）、遗传算法（genetic algorithm，GA）、竞争性自适应重加权算法（competitive adaptive reweighted sampling，CARS）等[16]。表 3-1 列举了高光谱成像技术结合变量选择算法在肉品检测领域的应用。本节重点介绍本研究中所用到的以下几种常用的特征变量选择方法。

表 3-1　高光谱成像技术结合变量选择算法在肉品检测领域的应用

Table 3-1　Feature selection methods and hyperspectral imaging for meat quality detection

变量选择方法	在肉品检测中的应用	特征变量个数	参考文献
PCA	猪肉品质分类	6	[33]
PCA	不同羊肉区分	6	[34]
PCA	火腿品质区分	8	[35]
De	猪肉微生物污染检测	10	[36]
De	猪肉品质分类	6	[37]
De	鸡肉肠杆菌污染检测	4	[38]
De	不同红肉掺伪鉴别	6	[39]
RC	猪肉汁液损失率、pH 和色泽检测	6、6、6	[40]
RC	牛肉持水率检测	6	[19]
RC	牛肉 $L*$、$b*$、pH 和嫩度检测	6、5、24、15	[41]
RC	牛肉水分、脂肪和蛋白质含量测定	8、7、10	[18]

变量选择方法	在肉品检测中的应用	特征变量个数	参考文献
RC	羊肉 pH 测定	8	[20]
RC	羊肉水分、脂肪和蛋白质含量测定	6、6、6	[42]
RC	羊肉掺伪	4	[43]
RC	火腿水分和蛋白质含量测定	10、6	[44]
RC	三文鱼肉分类	5	[45]
SWR	鸡肉菌落总数测定	5	[46]
SWR	猪肉嫩度和大肠杆菌污染检测	6、5	[47]
SPA	羊肉嫩度检测	11	[48]
SPA	对虾水分测定	12	[49]
SPA	三文鱼 L*、a*、b*测定	4、6、10	[50]
CARS	三文鱼菌落总数测定	8	[51]
CARS	三文鱼持水率测定	12	[32]

注：PCA. principal component analysis，主成分分析；De. derivative，求导法；RC. regression coefficients，回归系数法；SWR. stepwise regression，逐步回归法；SPA. successive projection algorithm，连续投影算法；CARS. competitive adaptive reweighted sampling，竞争性自适应重加权算法

3.3.1 回归系数法

回归系数法（regression coefficient，RC），又称为 β 系数法。它是特征变量提取常用的一种分析方法[18]。首先需要获取校正集光谱矩阵中每个波长对应的吸光度向量 x_i 与浓度矩阵中的待测组分浓度向量 y_i，然后对两者进行相关性计算[19]。其包含的信息量与波长的回归系数成正比，这样可以以在波峰和波谷处形成的最大反差为基准来确定最优波段。从回归曲线图上，该方法主要依靠 PLSR 校正模型的回归系数来选择有效变量，β 系数最大绝对值处的波长通常被认定为特征波长。它是在高光谱领域应用最为广泛的一种特征波长提取方法，来源于偏最小二乘法建模过程[20]。β 系数可以依据 PLSR 权重和潜在变量数计算出来：

$$\beta = \boldsymbol{W}^* \boldsymbol{q}^T = \boldsymbol{W}(\boldsymbol{P}^T \boldsymbol{W})^{-1} \boldsymbol{q}^T \tag{3-11}$$

式中，$\boldsymbol{W}$ 代表 PLSR 的权重；$\boldsymbol{W}^*$ 代表光谱矩阵权重的 $m \times k$ 矩阵（m 为波长数，k 为潜在变量数）；T 代表波长得分；$\boldsymbol{P}$ 代表光谱矩阵载荷的 $m \times k$ 矩阵；$\boldsymbol{q}$ 代表待测指标预测值的载荷（$1 \times k$）。每个波长点所对应的回归系数的绝对值大小反映了该波长对所建模预测性能的贡献性。因此，可以选择回归系数绝对值大的波长点作为待测指标的特征波长。

3.3.2 连续投影算法

连续投影算法（successive projection algorithm，SPA）是一种使矢量空间共线性最小化的前向变量选择算法[21]。它是从连续光谱矩阵中查找指定变量数且

表达原始数据最大信息量的变量组，使组内的变量之间的相关性达到最小。连续投影算法虽然只选择原始光谱数据中尽可能少的数据，但能概括样品中绝大多数光谱变量信息，从而大大减少预测模型建立过程中的自变量个数，提高预测模型精度和速度。SPA 的原理是通过对光谱数据投影映射构造出新的变量，并根据多元线性回归评价新的变量预测效果[22]。连续投影算法只选择原始光谱数据中的少数几列数据，但能概括绝大多数样品的光谱变量信息，最大限度上可以避免信息的冗余与重复，同时，大大减少模型建立过程中的变量个数以及数据的维数和模型的复杂度，提高建模效率和速度以及模型精度和预测性能[23]。其算法简要介绍如下。

SPA 通常是从一个波长开始，然后合并另外一个波长，以此循环，直到波长数达到 N。本节设 $X^{N×K}$ 为鱼肉样品的高光谱矩阵，$Y^{N×1}$ 为被测参数矩阵，其中，N 代表样品数，K 代表光谱数据中的波长数。设 x_k 为初始迭代向量，M 代表指定迭代范围，即提取波长变量数范围，一般选波长数 M 为 2～30。SPA 步骤如下：

步骤 1：在第 1 次迭代开始前（$m=1$），把校正集光谱矩阵 x_{cal} 的任意第 k 列（$k=1,\cdots,K$，K 为波长总数）赋值给 x_k，并进行归一化处理；

步骤 2：把未被选中的其他列，即其余波长点位置集合记为 SEL；

$$SEL = \left\{ k, 1 \leqslant k \leqslant K, k \notin \left\{ var(0), \cdots, var(m-1) \right\} \right\} \tag{3-12}$$

步骤 3：计算 x_k 对剩余列向量 $x_{var(m-1)}$ 的正交投影，其中 P 为投影算子；

$$Px_k = x_k - \left[x_k^T x_{var(m-1)} \right] x_{var(m-1)} \left[x_{var(m-1)}^T x_{var(m-1)} \right]^{-1}, k \in SEL \tag{3-13}$$

步骤 4：记 $var(m) = arg\left[max(Px_k), k \in SEL \right]$，求得最大投影值对应的波长位置；

步骤 5：令 $x_k = Px_k$，$k \in SEL$，将最大投影值作为下次迭代初始值；

步骤 6：$m=m+1$，若 $m<M$，回到步骤 2 循环计算；

步骤 7：最后提取出的波长位置：$\{var(m) = 0, \cdots, M-1\}$。

对应于每一对 $var(m)$ 和 M，循环一次后进行多元定量回归分析，得到验证集的验证标准偏差（RMSEP），则最小的 RMSEP 值对应的 $var(m)$ 和 M 就是最优值。

3.3.3　无信息变量消除算法

无信息变量消除算法（uninformative variable elimination，UVE）能够减小对预测指标贡献度较小的变量，选出最优变量，被去除的光谱变量称为无信息变量。它采用偏最小二乘算法建立数学模型，消除贡献度较小的自变量，降低预测模型的复杂度。UVE 通过在 PLSR 模型中添加一组白噪声变量，然后采用交叉留一法计算每个变量的回归系数。计算变量系数稳定值除以标准差，将结果与根据随机变量矩阵得到的稳定值比较，删除对建模无效的波长变量[24]。UVE具体流程如下：

设共有 n 个样本，$X_{n \times p} = \begin{bmatrix} x_1 \cdots x_p \end{bmatrix}$ 为自变量矩阵，其中 $x_i = \begin{bmatrix} x_i \\ \vdots \\ x_{in} \end{bmatrix}$，$i = 1, \cdots, p$；

$y_{n \times 1}$ 为因变量向量；偏最小二乘法选取的最佳主因子数量为 k。

令 $G_{n \times m}$ 为随机噪声变量，构造 $n \times (2p)$ 维的自变量 $XG_{n \times 2p} = [X, G]$；

对 $XG_{n \times 2p}$ 与 $y_{n \times 1}$ 作偏最小二乘法留一交叉验证：从样本集中剔除第 i 个样本，除第 i 个的剩余样本集来建立 PLSR 模型，并得到 $1 \times 2p$ 维回归系数向量 $b_i = \begin{bmatrix} b_{i1} \cdots b_{i(2p)} \end{bmatrix}$；重复上述步骤，循环 n 次 PLSR 回归算法，使每个样本循环一次，则系数矩阵为 $B_{n \times 2p} = \begin{bmatrix} b_1 \\ \vdots \\ b_n \end{bmatrix} = \begin{bmatrix} a_1 \cdots a_{2p} \end{bmatrix}$，其中 $a_j = \begin{bmatrix} a_{1j} \\ \vdots \\ a_{nj} \end{bmatrix}$，$j = 1, \cdots, 2p$ 为自变量 x_j 对应的系数向量。

令 a_j 系数向量中，元素标准差为 $S(a_j)$，均值为 $\mathrm{mean}(a_j)$，那么 a_j 的值为

$$C_j = \frac{\mathrm{mean}(a_j)}{S(a_j)}, j = 1, 2, \cdots, 2p \ 。$$

本节算法中，设噪声变量绝对值大小顺序排列的第 99 百分位数为阈值（$C_{\mathrm{threshold}}$）。然后根据阈值除以校正光谱矩阵中的自变量，同时自变量满足：$C_j < C_{\mathrm{threshold}}$。最终得到无信息变量消除法计算选取的结果。

3.3.4 小波变换

小波变换（wavelet transform，WT）是 J. Morlet 在研究地质构造时提出的。S. Mallat 接着对小波算法进行改进，提出多分辨率分析基本架构，对各种小波构造方法进行系统化，使得小波变换变得实用。将小波变换算法应用到光谱分析上，将复杂的光谱信号分解为不同尺度（频率）的小波系数，利用内在整体结构特征，获得反映目标指标的关联信息。小波变换与经典的傅里叶变换相比，其最大的优势是表征信号的局部频谱特征[25]。高光谱成像系统产生巨量数据不便于传输数据和计算。小波变换继承和发展了短时傅里叶变换局部化的思想，同时克服其窗口大小不随频率变化而变化等缺点，可提供一个随频率改变的"时间-频率"窗口，因此成为对信号时频分析和处理的理想工具。WT 通过伸缩和平移运算对信号逐

步进行多尺度细化，最终实现信号高频处的时间细分，低频处的频率细分，从而可聚焦到信号的任意细节。因此小波变换不仅能够充分突出问题某些方面的特征，同时能对时间（空间）频率的局部化分析，解决了傅里叶变换的困难问题，成为继傅里叶变换以来在科学方法上的另一重大突破。

小波变换可分为连续小波变换（continuous wavelet transform，CWT）和离散小波变换（discrete wavelet transform，DWT）两种类型。连续小波变换由一组波系数产生，如下：

$$W_{s,b}(\lambda) = \frac{1}{\sqrt{s}} \int_{-\infty}^{+\infty} f(\lambda)\psi\left(\frac{\lambda-b}{s}\right) d\lambda \tag{3-14}$$

式中，$f(\lambda)$ 为原函数；s 为缩放因子；b 为移位因子；$\psi\left(\dfrac{\lambda-b}{s}\right)$ 为母小波被 s 和 b 控制伸缩和平移。

虽然连续小波变换可以独立实现，但是分解信号产生太多冗余信息[26]。相对于连续小波变换，离散小波变换，只需要一定模型和一定的变化。利用离散小波变换，信号可被分解成包含近似系数（approximation coefficient，cA）和细节系数（detail coefficient，cD），近似系数还可以根据需要继续分解为下一阶的近似系数和细节系数，如图 3-1 所示。例如，假定当一个输入信号被分解为 5 级时，信号可分解为一系列系数（cA5，cD5，cD4，cD3，cD2 和 cD1）。这个过程通常被称为分解分析，同时通过逆离散小波变换（inverse discrete wavelet transform，IDWT）还可以将这些分解分量进行小波合成（或称为小波重构），整合分解分量可恢复原信号并且没有任何的信息损失。

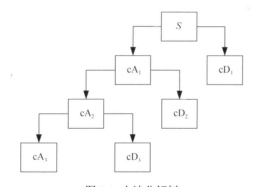

图 3-1 小波分解树

Figure 3-1   Wavelet decomposition tree

对于小波变换，确定其信号分解级数非常重要，通常参照以下公式计算分解级数[27]：

$$\text{mdl} = \text{INT}[\log_2(s)] \tag{3-15}$$

式中，s 为输入信号的长度；INT 为取整运算。

当小波分析被应用于光谱信号分析时，对母小波的选择是影响提取信号特征效果的首要因素。常用的母小波有 7 个：Haar 小波（"haar"）、Daubechies 小波（"db"，包含 db2～7）、Discrete meyer pseudo 小波（"dmey"）、Coiflet 小波（"coif2"）、Symlet 小波（"sym2"）、Biorthogonal 小波（"bior1.5"）和 Reverse biorthogonal 小波（"rbio1.1"）。通常采用这些母小波来分解原始光谱，解析后的小波系数（cA 和 cD）可作为校准模型的输入变量，进行光谱建模和预测。由于光谱具有明显的局部性质，小波分析的局部信号分析功能得到更大程度的发挥[28]。

在本研究中选择 Daubechies/db 小波（db5）对高光谱信号进行处理，一维连续小波变换的分解尺度（图 3-2）根据多次实验最优值为 7 层，在每个分解尺度上分别提取能量、熵和模极大值 3 个小波特征，计算公式如下：

$$能量 = \frac{1}{M_l} \sum_{k_l=1_l}^{M_l} \left| W_{2^l} \left[f(t) \right] \right|^2 \tag{3-16}$$

$$熵 = -\frac{1}{M_l} \sum_{k_l=1_l}^{M_l} \left| W_{2^l} \left[f(t) \right] \right|^2 \log_{10} \left| W_{2^l} \left[f(t) \right] \right|^2 \tag{3-17}$$

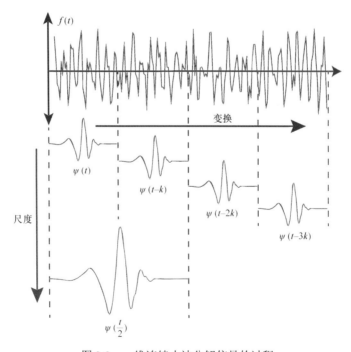

图 3-2　一维连续小波分解信号的过程

Figure 3-2　The process of 1D continuous wavelet transforms

模极大值 $\text{Max} \left| W_{2^l} \left[f(t_{k_l}) \right] \right|$ 需满足以下公式

$$\left\{ \begin{array}{l} \left| W_{2^l} \left[f(t) \right] \right| > \left| W_{2^l} \left[f(t-1) \right] \right| \\ \left| W_{2^l} \left[f(t) \right] \right| > \left| W_{2^l} \left[f(t+1) \right] \right| \end{array} \right\}, l = 1, 2, \cdots, L, \quad k_l = 1_l, 2_l, \cdots, M_l \tag{3-18}$$

式中，l 是尺度；k 是在 l 尺度下的模极大值；$W_{2^l} \left[f(t) \right]$ 是小波函数 $f(t)$ 在 l 尺度下的小波系数。

3.3.5　遗传算法

遗传算法（genetic algorithm，GA）最早是由美国的 J. Holland 教授于 1975 年在他的专著《自然界和人工系统的适应性》中首先提出的，它是一类借鉴生物界自然选择和自然遗传机制的随机化搜索算法[29]。遗传算法模拟自然选择和自然遗传过程中发生的繁殖、交叉和基因突变现象，在每次迭代中都保留一组候选解，并按某种指标从解群中选取较优的个体，利用遗传算子（选择、交叉和变异）对这些个体进行组合，产生新一代的候选解群，重复此过程，直到满足某种收敛指标为止[30]。GA 的基本步骤为，确定编码方案；确定适应值函数；选择策略的确定；遗传算子的设计；确定算法的终止准则；控制参数的选取；编程上机运行[31]。图 3-3 展示了 GA 的操作流程。

3.3.6　竞争性自适应重加权算法

竞争性自适应重加权算法（competitive adaptive reweighted sampling，CARS）是 Wu 和 Sun 依据达尔文进化论中简单而有效的"适者生存"准则提出的一种新的波长选择算法[32]。其基本原理为，依据"适者生存"原则，采用自适应重加权（adaptive reweighted sampling，ARS）技术筛选出 PLSR 模型回归系数值。若用 M 表示 MCS 采样次数，m 表示样本总数，n 表示光谱变量的个数，i 表示第 i 次采样，则 CARS 算法流程如下：

步骤 1：程序开始，给循环变量 i 赋初值为 1。

步骤 2：判断 $i \leq M$ 是否成立。若成立，则进行步骤 3。若不成立，则跳到步骤 7。

步骤 3：采用 MCS 随机从样品集中抽取 q 个样本（$q = m \times 0.8$），用 $V_{\text{sel\_1}}$ 表示，然后用 $V_{\text{sel\_1}}$ 数据建立一个 PLSR 模型。

步骤 4：求 PLSR 模型中的回归系数向量 $\boldsymbol{B}$ 的绝对值，用 B_1 表示；求各回归系数的权重值 $w_j = B_{1j} / \text{sum}(B_1)$，计算保留光谱变量的比例 $r_i = ae^{-ki}$（k 为协调系数），其中，

$$a = (p/2)^{\frac{1}{N-1}} \tag{3-19}$$

式中，N 为光谱变量总数；p 为协调系数。

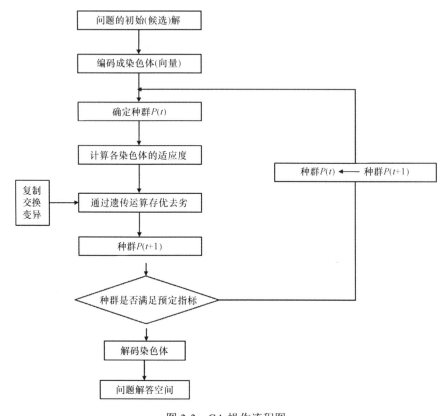

图 3-3　GA 操作流程图

Figure 3-3　Flow chart of GA

$$k = \frac{\ln(p/2)}{N-1} \qquad （3-20）$$

步骤 5：采用自适应重加权算法从剩下的 $n \times r_i$ 个变量中选一个变量的子集，用 V_{sel_2} 表示。

步骤 6：用数据 V_{sel_2} 计算出 RMSECV 值后，执行 $V_{sel\_1} = V_{sel\_2}$，将循环变量 i 加 1 后转到步骤 2。

步骤 7：M 次采样结束，CARS 算法共获得 M 个变量子集和对应的 M 个 RMSECV。

步骤 8：选择最小的 RMSECV 值所对应的变量子集为最优变量子集，程序结束。

3.4　定量模型方法

近红外光谱很早就被人们发现，但在此后的近一个半世纪中并没有得到广泛的应用。因为近红外谱区以倍频和合频的方式存在，谱带重叠导致解析复杂，光谱峰很难直接与物质成分和结构建立对应关系。20 世纪 70 年代，应用数学、统计学和计算机技术融入化学分析中，产生了一门新的重要学科——化学计量学（Chemometrics），极大地推动了光谱检测技术的发展。定量校正也称为多元校正，即在物质浓度（或其他物质性质）与分析仪器响应值之间建立的定量关联关系，是化学计量学的一个重要部分[15]。从高光谱数据中提取光谱和纹理信息中包含的丰富的信息，反映目标的组成、性质和结构等，挖掘光谱和纹理变量与被测物质参数之间的相关性，建立两者之间的计量关系，建立多元变量校正数学模型。建立预测模型后，将目标信息代入预测模型，可获取指定参数的定量和定性信息[15]。目前常用的化学计量学算法模型有多元线性模型、主成分模型、偏最小二乘模型、人工神经网络模型和最小二乘支持向量机模型等。按照相关性划分，主成分回归、多元线性回归以及偏最小二乘法属于线性模型；人工神经网络和最小二乘支持向量机属于非线性模型。上述算法适用范围具有各自的特点，根据不同的应用对象和目的，采用不同的计量方法进行建模，并通过比较分析，以寻求最优的建模方法。在高光谱数据分析中经常采用的回归方法主要涉及：偏最小二乘回归（partial least squares regression，PLSR）、主成分回归（principal component regression，PCR）、多元线性回归（multiple linear regression，MLR）等线性校正方法，以及支持向量机（support vector machine，SVM）、最小二乘支持向量机（least squares-support vector machine，LS-SVM）、人工神经网络（artificial neural network，ANN）、拓扑方法等非线性校正方法[15]。本节重点介绍以下几种广泛应用的定量校正模型。

3.4.1　主成分回归（PCR）

PCR 是较为简单的一种多元统计方法。首先，它从 X 变量（光谱数据）中导出少数几个主分量。这些主分量很大程度上保留了原始变量信息，且相互间都是线性无关的，这就解决了光谱数据中的多重相关性问题[16]。然后，对所提取的主分量进行普通的多元回归。在整个提取过程中，仅分解 X 变量，与 Y 变量（物理/化学指标参考值）无关，因而主分量提取过程比较简单。

3.4.2　多元线性回归（MLR）

多元线性回归方法又称为逆最小二乘法，或 P 矩阵法。它是在一元线性回归建模的基础上发展而来的，此方法可以对两个或两个以上自变量的数据进行建模，由多个自变量的最优组合共同来预测或估计因变量，比只用一个自变量进行预测或估计更有效，更符合实际[39]。因此，MLR 方法的实际应用价值更大，公式如下：

$$y = b_1 x_1 + b_2 x_2 + b_3 x_3 + \cdots b_m x_m + e \tag{3-21}$$

式中，y 是因变量；$b_1, b_2, \cdots, b_m$ 是回归系数；$x_1, x_2, \cdots, x_m$ 是自变量；m 是回归变量的个数，e 是模型误差。

多元线性回归方法计算相对较为简单，且公式含义比较清晰，适用于线性关系好且不太复杂的体系，避免考虑不同组分之间相互干扰的影响，可以计算出待测肉样组织的化学组成与物理性质。但是 MLR 存在一定的局限性，一是由于方程维数的要求，参与回归的变量数不能超过校正集的样本数目，波长数量受到限制，难免会丢失部分有用的光谱信息。二是光谱矩阵往往存在共线性问题，即矩阵中至少有一列或者一行可用其他几列或者几行的线性组合表示出来，容易造成无法求其逆矩阵。因此，MLR 适用于线性关系特别好的简单体系，无须考虑组分之间相互干扰的影响，计算简单，公式含义也清晰明了。

3.4.3 偏最小二乘法（PLSR）

自变量与因变量均为两种或两种以上的线性回归分析称为偏最小二乘回归分析（PLSR），当各变量内部高度线性相关时，用 PLSR 非常有效。而且，当样本个数少于变量个数时，PLSR 能够较好地解决这个问题。该方法具有典型相关分析、多元线性回归分析和主成分分析的优点。PLSR 作为重要的多元数据分析方法之一，在变量数多于样品数和 X 值之间存在多重共线性的情况下，其具有更好的灵活性。并且可以有效避免数据非正态分布、因子结构不确定性和模型不能识别等潜在问题[52]。偏最小二乘法同时考虑了自变量矩阵和因变量矩阵对数据的影响，其预测效果往往好于主成分回归法。

步骤 1：对光谱矩阵 X 和浓度矩阵 Y 进行分解，其模型为

$$X = TP + E \tag{3-22}$$

$$Y = UQ + F \tag{3-23}$$

式中，T 和 U 分别为 X 和 Y 矩阵的得分矩阵；P 和 Q 分别为 X 和 Y 矩阵的载荷矩阵；E 和 F 分别为 X 和 Y 矩阵的 PLSR 拟合残差矩阵。

步骤 2：对 T 和 U 进行线性回归分析，其表述为

$$U = TB \tag{3-24}$$

$$B = \left(T^{\mathrm{T}} T \right)^{-1} T^{\mathrm{T}} Y \tag{3-25}$$

步骤 3：根据公式（3-22）和公式（3-25）得到预测浓度值：

$$Y_{知道} = T_{未知} BQ \qquad (3\text{-}26)$$

式中，$T_{未知}$ 为未知样品的光谱矩阵 $X_{未知}$ 的得分矩阵。

偏最小二乘法的特点是能较好地解决样本个数少于变量个数的问题，适用于小样本的多元数据统计分析和建立多对多的预测模型[53]。在使用 PLSR 回归建模时，不需要全部成分，当主成分数过多时，会使模型过拟合，增加预测误差；当适当增加主成分数，又会降低拟合误差，提高模型的预测精度。从降维和提高模型精度两方面都要求主成分数 d 远远小于变量个数 P。因此，确定最佳主成分十分关键。采用交叉验证（cross-validation），按照增加新成分是否对模型的预测能力有明显改进的原则，确定 PLSR 回归模型的最佳主成分数。

3.4.4　人工神经网络（ANN）

ANN 是另外一种重要的非线性建模算法。ANN 模型中包含了大量的数据节点（又称为神经元）。每一节点代表着一种特定的输出函数，称为激活函数[54]。两个节点间的连接通道代表该连接的一个权重值，这相当于 ANN 的记忆。一般来说，神经网络可以分为两种类型：前馈神经网络（单层感知神经网络、多层感知神经网络、径向基核函数神经网络）和反馈神经网络（竞争性神经网络、Hopfield 神经网络等）[55]。作为一种广泛应用的非线性建模算法，人工神经网络（ANN）能够生成自变量和因变量之间的某种高度非线性关系，且在模型生成过程中具有较强的学习能力。其算法原理是模拟人脑细胞的工作流程，仿照人脑细胞建立数据处理单元，每个单元之间按照一定的传输方向形成网络，在模型建立过程中反复修正，不断调整网络参数，最终建立样本的自变量和因变量之间的非线性关系。该算法的优点是非线性映射能力强，通过大样本的学习可以提高分析精度。RBF 人工神经网络是当前应用非常成熟的一种神经网络算法，一般由输入层、隐含层和输出层构成。它的修正算法采用误差反向传播算法，并采用正向传播和反向传播两部分进行迭代反复修正。正向传播时，变量值由输入层向隐含层逐层计算，最终到达输出层，依次从前往后传播。如果输出结果的误差超过阈值，则反向传播，修改隐含层和输入层的传播参数，使下一次正向传播的输出结果误差变小，通过反复迭代，直至误差小于阈值或迭代次数超过规定的最大值[56]。

3.4.5　最小二乘支持向量机（LS-SVM）

支持向量机是一种强大的学习算法，常用于解决非线性分类问题、函数估计和模式识别。支持向量机使用内核函数将数据输入空间映射到一个高维的特性空间，从而可以构造最优超平面实现目标分离[57]。LS-SVM 是基于标准支持向量机的改良算法，其工作函数为最小二乘线性成本函数[58]。它不仅拥有与支持向量机一样的出色的概括能力，还具有更简单的结构和更短的优化时间。当使用最小二乘支持向量机时，需要解决 3 个关键问题，即选择输入子集、合适的核函数和内核参数。LS-SVM 是在 SVM 的基础上发展起来的新版本，已经被推广应用在非线性系统最优值控制和光谱校正。这种方法采用非线性映射函数把输入变量特征映射到一个高维空间，把优化问题转变成线性方程来解决[59]。LS-SVM 具有标准支持向量机的适用于小样本、高维问题，泛化能力强等诸多优点；同时，LS-SVM 将标准 SVM 的损失函数由一次变为二次，将不等式约束改变为等式约束，从而该算法的训练过程就被归结为一个线性方程组的求解问题，通过解这个方程组即可求出 Lagrange 函数的鞍点。LS-SVM 算法避免了二次规划问题的求解，从而大大降低了计算复杂度，提高了求解速度，在许多领域特别是工程应用方面具有重要的意义。径向基核函数（radial basis function，RBF）作为一种很受欢迎的核函数已经广泛应用在 LS-SVM 算法中。径向基核函数是一种非线性函数，它大大减少了模型建立过程中的计算量，降低了模型的复杂程度，提高了模型的效率。常用的核函数有多项式核函数、径向基核函数及Sigmoid 核函数[21]。网格搜索技术常用来筛选最优参数变量：正规化参数 γ、RBF宽度 σ^2 [60]。SVM 的基本原理如下：

步骤 1：X 通过一个非线性转换到一个高维空间 $g_i(x)$, $i=1, \cdots, n$，建立一个线性模型 $f(x,\upsilon)$：

$$f(x,\upsilon) = \sum_{i=1}^{n} \upsilon_i g_i(x) + k \qquad (3\text{-}27)$$

步骤 2：其效果通过一个损失函数来评估：

$$L_s\left[y, f(x,\upsilon)\right] = \begin{cases} |y - f(x,\upsilon)| - \varepsilon & \text{if } |y - f(x,\upsilon)| > \varepsilon \\ 0 & \text{otherwise} \end{cases} \qquad (3\text{-}28)$$

步骤 3：SVM 通过下面的函数降低模型的复杂度：

$$\min \frac{1}{2}\|\upsilon\|^2 + C\sum_{j=1}^{m} \xi_j + \xi_j^* \qquad (3\text{-}29)$$

$$\begin{cases} y_j - f(x_j, \upsilon) \leqslant \tau + \xi_j^* \\ f(x_j, \upsilon) - y_j \leqslant \tau + \xi_j \end{cases}$$

$$\text{s.t.} \quad \xi_j, \xi_j^* \geqslant 0, j = 1 \cdots m$$

式中，C 和 τ 为变量参数。

步骤 4：所采用的函数为

$$K(x, x_j) = \sum_{i=1}^{n} g_i(x)g_i(x_j) \qquad (3\text{-}30)$$

步骤 5：判别函数可以转化为

$$f(x) = \sum_{j=1}^{n_{sv}} \left(e_j - e_j^*\right) K\left(x_j, x\right) \quad \text{s.t.} \quad 0 \leqslant e_j^* \leqslant C, 0 \leqslant a_j \leqslant C \qquad (3\text{-}31)$$

式中，n_{sv} 为支持向量的数目。

LS-SVM 在 SVM 原理基础上进行发展，假定一个有 N 个样品的训练集为 $\{y_n, z_n\}_{n=1}^{N}$，其中，z_n 为输入特征向量，y_n 为输出模式，基于 LS-SVM 的校正模型可以表达为

$$y(z) = \text{sign}\left[\sum_{n=1}^{N} \alpha_n K(z_n, z) + \beta\right] \qquad (3\text{-}32)$$

式中，$K(z_n, z)$ 为核函数；β 为偏差因子；α_n 为载重向量。LS-SVM 常用的核函数为径向基核函数，其公式为

$$K_{\text{RBF}}(z_n, z) = \exp\left(-\left\|z_n - z\right\|^2 \Big/ 2\sigma^2\right) \qquad (3\text{-}33)$$

式中，σ^2 为径向基核函数宽度参数。

3.4.6　回归模型评价

模型验证在光谱学研究中是一个基本步骤。模型验证主要采用一个真实的数据集来比较模型的预测能力的大小。验证过程所得到的模型的自信度对于该模型的最终应用起着至关重要的作用[61]。因此，在本研究中采用全交互验证法，又称为留一交互验证法（leave-one-out cross validation，LOOCV）来验证所开发模型的性能优劣。为了评估校准模型的准确性和预测能力，通常通过一些统计标准值来体现，主要包括有关模型的决定系数（determination coefficient，R^2）：校正决定系数（R^2_{C}）、交互验证决定系数（R^2_{CV}）、预测决定系数（R^2_{P}）和对应的均方根误差（root mean square error，RMSE）：校正均方根误差（RMSEC）、交互验证均方根误差（RMSECV）、预测均方根误差（RMSEP）以及剩余预测偏差（residual predictive deviation，RPD）。残差预测值（RPD）表示样品实际参考值的标准差与验证集均方根误差的比值，在对照样本平均水平的条件下，反映预测模型的预测精度是否较高，是考察预测模型稳定性和动态适用性的重要评价指标。通常而言，当 R^2_{C}、R^2_{CV}、R^2_{P}、RPD 等值越大，RMSEC、RMSECV、RMSEP 的值越小，且 RMSEC、RMSECV、RMSEP 之间的差异性越小，模型的预测效果就越好[62]。理想状态条件下的决定系数值为 1，均方根误差为 0。在 PLSR

的分析过程中，最佳潜在变量（latent variables，LV）的数目是由预测残差平方和（predicted residual error sum of squares，PRESS）的最小值决定的。PRESS、RMSE、R^2 和 RPD 的计算公式如下：

$$\text{PRESS} = \sum_{i=1}^{n} (y_{\text{cal}} - y_{\text{act}})^2 \tag{3-34}$$

$$\text{RMSEC} = \sqrt{\frac{\sum\limits_{i=1}^{n} (y_{\text{cal}} - y_{\text{act}})^2}{n}} \tag{3-35}$$

$$\text{RMSECV} = \sqrt{\frac{\sum\limits_{i=1}^{n} (y_{\text{pred}} - y_{\text{act}})^2}{n}} \tag{3-36}$$

$$R^2 = 1 - \frac{\sum\limits_{i=1}^{n} (y_{\text{cal}} - y_{\text{act}})^2}{\sum\limits_{i=1}^{n} (y_{\text{cal}} - y_{\text{mean}})^2} \tag{3-37}$$

$$\text{RPD} = \frac{\text{SD}}{\text{RMSECV}} \tag{3-38}$$

式中，n 表示样品的数目；y_{act} 表示实际测量值；y_{cal} 表示校正值；y_{pred} 表示预测值；y_{mean} 表示实际测量值的平均值；SD 表示预测集样本测量值的标准偏差。

3.5 分 类 算 法

模式识别是研究分类识别理论和方法的科学，是一门综合性、交叉性学科。在理论上涉及数学、矩阵论、概率论、图论、模糊数学、最优化理论等众多学科的知识，在应用上又与其他许多领域的工程技术密切相关，其内涵可以概括为信息处理、分析与决策，它是人工智能研究领域的重要分支，又是实现机器智能必不可少的技术手段[15]。模式识别是根据研究对象的特征或属性，利用计算机为中心的机器系统运用一定的分析算法认定它的类别，系统应使分类识别的结果尽可能地符合真实[15]。模式识别技术主要分为无监督的模式识别和有监督的模式识别。无监督的模式识别在不知道样本分类信息的情况下进行学习或训练，获得样本分类方面的信息。常见的无监督的模式识别技术包括聚类分析（clustering analysis，CA）和主成分分析（PCA）。无监督的模式识别作为分类的第一步定性地把样品简单地分为不同的类别并识别异常值[15]。有监督的模式识别能够建立分类模型，定量地对未知样品进行预测分类正确率。常见的分类模型建模方法包括

主成分分析、偏最小二乘判别分析、最小二乘支持向量机、人工神经网络、Adaboost
算法等。其中，LS-SVM 和 ANN 在定量校正模型已有阐述，这里主要介绍以下几
种分类算法。

3.5.1 软独立模式分类法（SIMCA）

软独立模式分类法（soft independent modelling of class analogy，SIMCA）是
建立在 PCA 基础上的一种典型的线性模式识别方法，该方法提供一种高维度变量
的分类，能够结合主成分分析来降低变量的维度和提高计算的速度[39]。SIMCA 基
本思想是：对样本进行 PCA 分析得到整个样本的分类，在此基础上建立各类样本
相应的类模型，然后依据该模型对未知样本进行再次分类，即分别将该未知样本
与各样本的类模型进行拟合，以确定未知样本类别[17]。图 3-4 显示了 SIMCA 结
合 PCA 进行分析的原理和步骤。

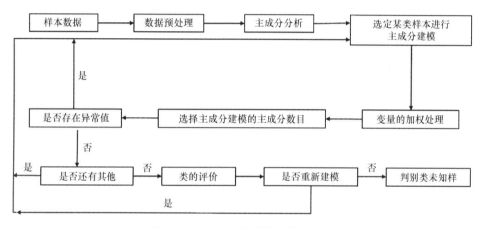

图 3-4　SIMCA 分类算法计算流程图

Figure 3-4　Flow chart of SIMCA analysis

3.5.2 偏最小二乘判别分析（PLS-DA）

偏最小二乘判别分析（partial least square discriminant analysis，PLS-DA）算
法也是一种典型的线性模式识别技术，它是基于 PLSR 模型建立的判别分析方法，
通过建立光谱数据与所设定的类别特征之间的回归模型进行判别分析。未知样品
的属性类别主要依赖于回归模型得到的样本的预测值（Y_P）和模型分类的阈值。
它通过计算每一个样品归属某一个分类级别的可能性，在预定义的分类等级之间
实现最大化的分离[15]。在 PLS-DA 模型中，未知样品的归属主要依赖于其预测值
的大小和模型分类的阈值[52]。一般预测值不是整数，需要设置阈值的范围以判断

样本的归属[63]。本研究中阈值设置为 0.5，常用的判别分析方法是：①$Y_P>0.5$ 时，且偏差<0.5 时，判定样本属于该类别；②$Y_P<0.5$ 时，且偏差<0.5 时，判定样本不属于该类别。本研究中 PLS-DA 用来建立光谱值与响应值之间的关系。响应值赋予 1、2、3、4 对应 4 种处理的分组。

3.5.3 概率神经网络（PNN）

概率神经网络（probabilistic neural network，PNN）是一种前馈神经网络，它是基于密度函数估计和贝叶斯决策理论而建立的一种分类网络。由平滑参数 σ、隐层神经元个数和隐中心矢量等要素确定。它通常采用 Parzon 窗口函数作为激活函数[16]。PNN 具有径向基神经网络和古典概率密度估计方法的双重优势。与传统的神经网络相比，PNN 在模式分类和快速训练方面具有更为明显的优势[17]。PNN 的目的是在特征空间建立判定边界用来界定该模式属于哪一个类别。判定边界通常由每个类别的概率分布函数来决定[18]。PNN 与其他几类人工神经网络相比，有其独特的特点，一是训练速度快，其训练时间仅略大于读取数据的时间，因为概率神经网络是一次完成，没有学习过程。二是不管训练矢量与类别之间有多么复杂的关系，只要有足够的训练数据，PNN 就可以获得贝叶斯准则下的最优解。三是增加或减少训练数据后，不用重新进行训练[24]。

3.5.4 分类模型校正与评价

模型校正是针对实际测量数值，对建立的模型的预测能力的一种测试和评价[20]。在本节中采用留一法交互验证方法来证实所建立模型的稳定性和可靠性。分类模型的性能好坏通常用正确分类率（correct classification rate，CCR）来表示。其定义的表达公式如下：

$$CCR = \frac{N_1}{N_0} \times 100\% \qquad (3\text{-}39)$$

式中，N_1 为校正集或预测集中正确估计的数量值；N_0 为模型中所参与的所有样品的数量值。

3.6 数据分析软件

本书中所涉及的化学计量学算法和数字图像处理技术主要采用 ASD View Spec Pro，Unscrambler（CAMO，Process，AS，OSLO，Norway）、Matlab（The Math Works，Natick，USA）、ENVI（ITT Visual Information Solutions，Boulder，USA）

和 IDL（ITT Visual Information Solutions，Boulder，USA）软件实现。

主要参考文献

[1] Zhu F, Zhang D, He Y, et al. Application of visible and near infrared hyperspectral imaging to differentiate between fresh and frozen–thawed fish fillets [J]. Food and Bioprocess Technology, 2013, 6(10): 2931-2937.

[2] Xiong Z, Sun D-W, Pu H, et al. Combination of spectra and texture data of hyperspectral imaging for differentiating between free-range and broiler chicken meats [J]. LWT-Food Science and Technology, 2015, 60(2): 649-655.

[3] He H J, Wu D, Sun D-W. Potential of hyperspectral imaging combined with chemometric analysis for assessing and visualising tenderness distribution in raw farmed salmon fillets [J]. Journal of Food Engineering, 2014, 126: 156-164.

[4] Corp L A, Middleton E M, Daughtry C S T, et al. Forecasting corn yield with imaging spectroscopy[C]. Proceedings 2010 IEEE International Geoscience and Remote Sensing Symposium (IGARSS 2010), 2010: 1819-1822.

[5] Garcia-Allende P B, Conde O M, Mirapeix J, et al. Quality control of industrial processes by combining a hyperspectral sensor and Fisher's linear discriminant analysis [J]. Sensors and Actuators B-Chemical, 2008, 129(2): 977-984.

[6] Jiang L, Zhu B, Rao X, et al. Discrimination of black walnut shell and pulp in hyperspectral fluorescence imagery using Gaussian kernel function approach [J]. Journal of Food Engineering, 2007, 81(1): 108-117.

[7] Naganathan G K, Grimes L M, Subbiah J, et al. Visible/near-infrared hyperspectral imaging for beef tenderness prediction [J]. Computers and Electronics in Agriculture, 2008, 64(2): 225-233.

[8] 朱逢乐. 基于光谱和高光谱成像技术的海水鱼品质快速无损检测[D]. 浙江大学博士学位论文, 2014.

[9] Velasco-Forero S, Manian V. Improving hyperspectral image classification using spatial pre-processing [J].IEEE Geoscience and Remote Sensing Letters, 2009, 6(2): 297-301.

[10] Rinnan Å, Berg F V D, Engelsen S B. Review of the most common pre-processing techniques for near-infrared spectra [J]. TrAC Trends in Analytical Chemistry, 2009, 28(10): 1201-1222.

[11] Gallagher N B, Blake T A, Gassman P L. Application of extended inverse scatter correction to mid-infrared reflectance spectra of soil [J].Chemometr, 2005, 19(5-7): 271-281.

[12] Chia K S, Rahim H A, Rahim R A. Evaluation of common pre-processing approaches for visible (VIS) and shortwave near infrared (SWNIR) spectroscopy in soluble solids content (SSC) assessment [J]. Biosystems Engineering, 2013, 115(1): 82-88.

[13] Maleki M R, Mouazen A M, Ramon H, et al. Multiplicative scatter correction during on-line measurement with near infrared spectroscopy [J]. Biosystems Engineering, 2007, 96(3): 427-433.

[14] Fearn T, Riccioli C, Garrido-Varo A, et al. On the geometry of SNV and MSC [J]. Chemometrics and Intelligent Laboratory Systems, 2009, 96(1): 22-26.

[15] Dai Q, Sun D-W, Xiong Z, et al. Recent advances in data mining techniques and their applications in hyperspectral image processing for the food industry [J]. Comprehensive Reviews in Food Science and Food Safety, 2014, 13(5): 891-905.

[16] Liu D, Sun D-W, Zeng X A. Recent advances in wavelength selection techniques for hyperspectral image processing in the food industry [J]. Food and Bioprocess Technology,

2013, 7(2): 307-323.

[17] Lorente D, Aleixos N, Gomez-Sanchis J, et al. Recent advances and applications of hyperspectral imaging for fruit and vegetable quality assessment [J]. Food and Bioprocess Technology, 2012, 5(4): 1121-1142.

[18] Elmasry G, Sun D-W, Allen P. Chemical-free assessment and mapping of major constituents in beef using hyperspectral imaging [J]. Journal of Food Engineering, 2013, 117(2): 235-246.

[19] Elmasry G, Sun D-W, Allen P. Non-destructive determination of water-holding capacity in fresh beef by using NIR hyperspectral imaging [J]. Food Research International, 2011, 44(9): 2624-2633.

[20] Kamruzzaman M, Elmasry G, Sun D-W, et al. Prediction of some quality attributes of lamb meat using near-infrared hyperspectral imaging and multivariate analysis [J]. Analytica Chimica Acta, 2012, 714: 57-67.

[21] Araújo M C U, Saldanha T C B, Galvão R K H, et al. The successive projections algorithm for variable selection in spectroscopic multicomponent analysis [J]. Chemometrics and Intelligent Laboratory Systems, 2001, 57(2): 65-73.

[22] Moreira E D T, Pontes M J C, Galvão R K H, et al. Near infrared reflectance spectrometry classification of cigarettes using the successive projections algorithm for variable selection [J]. Talanta, 2009, 79(5): 1260-1264.

[23] Pontes M J C, Galvão R K H, Araújo M C U, et al. The successive projections algorithm for spectral variable selection in classification problems [J]. Chemometrics and Intelligent Laboratory Systems, 2005, 78(1): 11-18.

[24] Centner V, Massart D L, Noord O, et al. Elimination of uninformative variables for multivariate calibration[J]. Analytical Chemistry, 1996, 68: 3851-3858.

[25] Pu H B, Xie A G, Sun D-W, et al. Application of wavelet analysis to spectral data for categorization of lamb muscles [J]. Food and Bioprocess Technology, 2015, 8(1): 1-16.

[26] Choudhary R, Paliwal J, Jayas D S. Classification of cereal grains using wavelet, morphological, colour, and textural features of non-touching kernel images [J]. Biosystems Engineering, 2008, 99(3): 330-337.

[27] Lai Y H, Ni Y N, Kokot S. Discrimination of *Rhizoma Corydalis* from two sources by near-infrared spectroscopy supported by the wavelet transform and least-squares support vector machine methods [J]. Vibrational Spectroscopy, 2011, 56(2): 154-160.

[28] Choudhary R, Mahesh S, Paliwal J, et al. Identification of wheat classes using wavelet features from near infrared hyperspectral images of bulk samples[J]. Biosystems Engineering, 2009, 102(2), 115-127.

[29] Murthy C A, Chowdhury N. In search of optimal clusters using genetic algorithms [J]. Pattern Recognition Letters, 1996, 17(8): 825-832.

[30] Zou X, Zhao J, Povey M J, et al. Variables selection methods in near-infrared spectroscopy [J]. Analytica Chimica Acta, 2010, 667(1): 14-32.

[31] Feng Y Z, Sun D-W. Near-infrared hyperspectral imaging in tandem with partial least squares regression and genetic algorithm for non-destructive determination and visualization of *Pseudomonas* loads in chicken fillets [J]. Talanta, 2013, 109: 74-83.

[32] Wu D, Sun D-W. Application of visible and near infrared hyperspectral imaging for non-invasively measuring distribution of water-holding capacity in salmon flesh [J]. Talanta, 2013, 116: 266-276.

[33] Qiao J, Ngadi M O, Wang N, et al. Pork quality and marbling level assessment using a hyperspectral imaging system [J]. Journal of Food Engineering, 2007, 83(1): 10-16.

[34] Kamruzzaman M, Elmasry G, Sun D-W, et al. Application of NIR hyperspectral imaging for discrimination of lamb muscles [J]. Journal of Food Engineering, 2011, 104(3): 332-340.

[35] Elmasry G, Iqbal A, Sun D-W, et al. Quality classification of cooked, sliced turkey hams using NIR hyperspectral imaging system [J]. Journal of Food Engineering, 2011, 103(3): 333-344.

[36] Barbin D F, Elmasry G, Sun D-W, et al. Non-destructive assessment of microbial contamination in porcine meat using NIR hyperspectral imaging [J]. Innovative Food Science & Emerging Technologies, 2013, 17: 180-191.

[37] Barbin D, Elmasry G, Sun D-W, et al. Near-infrared hyperspectral imaging for grading and classification of pork [J]. Meat Science, 2012, 90(1): 259-268.

[38] Feng Y Z, Elmasry G, Sun D-W, et al. Near-infrared hyperspectral imaging and partial least squares regression for rapid and reagentless determination of Enterobacteriaceae on chicken fillets [J]. Food Chemistry, 2013, 138(2-3): 1829-1836.

[39] Kamruzzaman M, Barbin D, Elmasry G, et al. Potential of hyperspectral imaging and pattern recognition for categorization and authentication of red meat [J]. Innovative Food Science & Emerging Technologies, 2012, 16: 316-325.

[40] Qiao J, Wang N, Ngadi M O, et al. Prediction of drip-loss, pH, and color for pork using a hyperspectral imaging technique [J]. Meat Science, 2007, 76(1): 1-8.

[41] Elmasry G, Sun D-W, Allen P. Near-infrared hyperspectral imaging for predicting colour, pH and tenderness of fresh beef [J]. Journal of Food Engineering, 2012, 110(1): 127-140.

[42] Kamruzzaman M, Elmasry G, Sun D-W, et al. Non-destructive prediction and visualization of chemical composition in lamb meat using NIR hyperspectral imaging and multivariate regression [J]. Innovative Food Science & Emerging Technologies, 2012, 16: 218-226.

[43] Kamruzzaman M, Sun D-W, Elmasry G, et al. Fast detection and visualization of minced lamb meat adulteration using NIR hyperspectral imaging and multivariate image analysis [J]. Talanta, 2013, 103: 130-136.

[44] Talens P, Mora L, Morsy N, et al. Prediction of water and protein contents and quality classification of Spanish cooked ham using NIR hyperspectral imaging [J]. Journal of Food Engineering, 2013, 117(3): 272-280.

[45] Sone I, Olsen R L, Sivertsen A H, et al. Classification of fresh Atlantic salmon (*Salmo salar* L.) fillets stored under different atmospheres by hyperspectral imaging [J]. Journal of Food Engineering, 2012, 109(3): 482-489.

[46] Feng Y Z, Sun D-W. Determination of total viable count (TVC) in chicken breast fillets by near-infrared hyperspectral imaging and spectroscopic transforms [J]. Talanta, 2013, 105: 244-249.

[47] Tao F, Peng Y, Li Y, et al. Simultaneous determination of tenderness and *Escherichia coli* contamination of pork using hyperspectral scattering technique [J]. Meat Science, 2012, 90(3): 851-857.

[48] Kamruzzaman M, Elmasry G, Sun D-W, et al. Non-destructive assessment of instrumental and sensory tenderness of lamb meat using NIR hyperspectral imaging [J]. Food Chemistry, 2013, 141(1): 389-396.

[49] Wu D, Shi H, Wang S, et al. Rapid prediction of moisture content of dehydrated prawns using online hyperspectral imaging system [J]. Analytica Chimica Acta, 2012, 726: 57-66.

[50] Wu D, Sun D-W, He Y. Application of long-wave near infrared hyperspectral imaging for measurement of color distribution in salmon fillet [J]. Innovative Food Science & Emerging Technologies, 2012, 16: 361-372.

[51] Wu D, Sun D-W. Potential of time series-hyperspectral imaging (TS-HSI) for non-invasive

determination of microbial spoilage of salmon flesh [J]. Talanta, 2013, 111: 39-46.

[52] Liu D, Sun D-W, Qu J H, et al. Feasibility of using hyperspectral imaging to predict moisture content of porcine meat during salting process [J]. Food Chemistry, 2014, 152: 197-204.

[53] Wold S, Ruhe A, Wold H, et al. The collinearity problem in linear regression: The partial least squares (PLS) approach to generalized inverses [J]. SIAM Journal on Scientific and Statistical Computing, 1984, 5(3): 735-743.

[54] 李燕, 王俊德, 顾炳和, 等. 人工神经网络及其在光谱分析中的应用[J]. 光谱学与光谱分析, 1999, 6: 844-849.

[55] Xiong Z, Sun D-W, Dai Q, et al. Application of visible hyperspectral imaging for prediction of springiness of fresh chicken meat [J]. Food Analytical Methods, 2015, 8(2): 380-391.

[56] Vemuri V. Artificial Neural Networks [M]. IEEE Computer Society Technology Series. Rockville, MD (USA), 1988, 26.

[57] 丁世飞, 齐丙娟, 谭红艳. 支持向量机理论与算法研究综述[J]. 电子科技大学学报, 2011, 01: 2-10.

[58] 顾燕萍, 赵文杰, 吴占松. 最小二乘支持向量机的算法研究[J]. 清华大学学报(自然科学版), 2010, 7: 1063-1066.

[59] Sadik O, Land W H, Wanekaya A K, et al. Detection and classification of organophosphate nerve agent simulants using support vector machines with multiarray sensors [J]. Journal of Chemical Information and Computer Sciences, 2004, 44(2): 499-507.

[60] Suykens J A, Vandewalle J, De Moor B. Optimal control by least squares support vector machines [J]. Neural Networks, 2001, 14(1): 23-35.

[61] Hernández-Martínez M, Gallardo-Velázquez T, Osorio-Revilla G, et al. Prediction of total fat, fatty acid composition and nutritional parameters in fish fillets using MID-FTIR spectroscopy and chemometrics [J]. LWT-Food Science and Technology, 2013, 52(1): 12-20.

[62] Cheng J H, Sun D-W, Zeng X A, et al. Non-destructive and rapid determination of TVB-N content for freshness evaluation of grass carp (*Ctenopharyngodon idella*) by hyperspectral imaging [J]. Innovative Food Science & Emerging Technologies, 2013, 21: 179-187.

[63] Suykens J A, Vandewalle J. Least squares support vector machine classifiers [J]. Neural Processing Letters, 1999, 9(3): 293-300.

第 4 章　肉品感官特性高光谱成像检测

4.1　感官分析描述

　　新鲜度是评价鱼肉及水产品品质的一个最为重要的综合属性。很显然，测定鱼肉新鲜度对食品品质和安全控制是必不可少的。当前已经发展并广泛采用的方法和技术主要包括感官评价、物理特性检测、微生物污染分析和化学指标测量分析等[1]。其中，感官评价作为一种重要的评价方法，可以提供较为全面的信息来评价鱼肉的新鲜度。该方法在水产品行业和检测部门已广泛发展和应用，为消费者的客观选择和可接受性提供合法的依据和服务[2]。感官评价是用于唤起、测量、分析和解释产品通过视觉、嗅觉、触觉、味觉和听觉而感知到的产品感官特性的一种科学方法[3]。该方法主要研究利用经过培训的相关专业人士来测量感官的感知及这种感知对食物和口味接受性的影响[3]。质量指标法（quality index method，QIM）作为国际上一种相对标准化的评价方法，是采用最为全面和最为直接的方式来描述鱼肉的新鲜度及品质变化[4]。在 QIM 准则体系内，储藏过程中鱼肉品质变化的参数主要涉及外观、色泽、质构、眼睛、气味、鳃和腹部。训练有素的评价人员根据以上参数指标进行定量评估。根据每个参数的具体的描述，用数字量表的形式赋予每一个特定的描述，通常采用缺点值来评分，每个指标的评分范围为 0～3 分。0 分通常认为鱼肉非常新鲜，随着储藏时间的延长，品质逐渐变化，评分值也逐渐升高。3 分代表鱼肉已经超出了评价人的感官阈值，表示品质已经达到了不可接受的临界值[5]。所有描述指标的缺点值加和起来就是质量指标缺陷总值（quality index scores，QIS）。通常用这个指标缺陷总值来描述鱼肉的新鲜程度。因此，QIM 方法已经广泛地用来评价鱼肉的新鲜度和预测鱼肉的货架期[4]。

　　然而，QIM 评价方法最终获取的数据来自评价人员根据自己的喜好得出的经验值，通常被认为具有较强的主观性，另外，测评人直接接触鱼肉样品，评价时间长，尤其不适合大批量的商业化发展需求，仅停留在实验室检测和评价阶段。因此，为了满足水产品工业品质快速无损测定的需求，迫切需要探索非接触快速测定的方法与技术。

　　本章在 QIM 评价体系的基础上进行了修改和完善，使 QIM 方法也适用于测量和评价鱼片的新鲜度。另外，采用高光谱成像技术来预测 QIS 值也鲜有报道。因此，本章的主要研究目的就是探索可见/近红外高光谱成像技术结合 LS-SVM 算法代替传统的感官评价方法来快速准确预测和感知草鱼片的新鲜程度。

4.2 感官评价预测

4.2.1 样品准备

购买于当地水产市场的同一批次同一养殖环境的质量大小接近（约 1.5 kg）的 15 条新鲜活草鱼，由专业工作人员利用棒击法把鱼杀死，去鳃、去内脏、立即去头、成片、去皮，然后用流动水冲洗干净，送到实验室进行分割。按照实验要求及规划，把样品进行二次取样，分割成大小一样的长方体形状（3.0 cm × 3.0 cm × 1.0 cm，长×宽×高），经处理后共得到新鲜草鱼片样品 135 个，并作为新鲜样品（储藏 0 天）称为第一组样品（G1），经过评估人员判定后，新鲜的样品立即贴好标签，装入到密封袋中，冷藏在 4℃冰箱，每隔 2 天随机选择 45 个样品进行一次评价，一共冷藏 6 天，构成 0 天、2 天、4 天、6 天的冷藏样品，分别分组定义为 G2、G3 和 G4，每组为 45 个样品，4 组共计 270 个样品。在 270 个样品中，随机选择 180 个样品用来构建校正集，剩余 90 个样品用来构建预测集。用于校正和预测的样品分组情况如表 4-1 所示。

表 4-1　校正集与预测集样品分组情况

Table 4-1　Number distribution of calibration and prediction set

分组	样品数目	校正集	预测集
总数	270	180	90
G1（0天）	135	90	45
G2（2天）	45	25	20
G3（4天）	45	30	15
G4（6天）	45	35	10

4.2.2 QIS 值测量

QIS 值的测量按照表 4-2 的描述进行计算。10 位经过学习及培训的评价人员按照感官评价的要求在统一的条件下进行评价分析，尽可能减少外界因素干扰。

4.2.3 图像纹理信息提取

高光谱图像纹理信息在鱼肉感官评价中起着至关重要的作用。鱼肉的肌肉质感和纹理与人的感官变化在一定程度上具有较大的相关性。在本节中，采用灰度梯度

表 4-2　冷鲜鱼片储藏过程中的感官评分表
Table 4-2　Sensory evaluation description of fresh fish fillet during cold storage

项目	评分标准	得分
气味	有鲜鱼肉特有的新鲜气味,鱼腥味较淡,无其他异味	0
	新鲜气味较淡,鱼腥味较明显,有轻微的酸败等异味	1
	无新鲜味,鱼腥味明显,有轻微腐败、腥臭氨味等异味	2
	无新鲜味,鱼腥味明显,腐败、腥臭氨味等异味严重	3
颜色	肉色半透明,背部肌肉呈红色,条纹分明	0
	肉色透明性较差,背部肌肉呈红褐色,条纹较分明	1
	肌肉呈黄色,条纹较模糊,肉色较黄或较绿	2
	肌肉呈黑褐色,条纹模糊,肉色发黄发绿	3
光泽	光泽度好,表面明亮	0
	光泽度一般,表面较明亮	1
	光泽较差,表面发暗,较浑浊	2
	无光泽,表面发暗,非常浑浊	3
表面黏液	较少或不明显,呈透明水样状,无黏性	0
	较多或较明显,略微不透明,轻微浑浊,略呈黏性	1
	较多或较明显,不透明,浑浊,较黏	2
	很多或明显,不透明,浑浊,很黏	3
质地	有弹性,指压后痕迹立即消失,鱼肉坚实,难撕烂	0
	比较软,弹性减弱,受压之后快恢复,鱼肉较坚实,连接性一般,较难撕裂	1
	很软,受压之后恢复程度为 1/4~3/4	2
	非常软,无弹性,受压之后变形,无法恢复;鱼肉无连接性,呈松散状态,易撕烂	3
表面裂缝	表面无裂缝	0
	表面可见少许裂缝,最长处不超过鱼片宽度的 1/2	1
	表面裂缝明显,最长处为鱼片宽度的 1/2~1	2
	表面裂缝明显,最长处为鱼片宽度的 2/3~1	3

共生矩阵(GLGCM)来提取隐藏在图像中的纹理信息[6]。GLGCM 作用于第一主成分(PC1,其能够解释 97%的变量信息,图 4-1 有显示)得分图像来提取纹理特征变量,共得到 13 个二阶统计变量,包括能量(energy)、相关性(correlation)、混合熵(hybrid entropy)、惯性(inertia)、灰度均值(gray mean)、梯度均值(grads mean)、灰度熵(gray entropy)、梯度熵(grads entropy)、灰度标准偏差(gray standard deviation)、梯度标准偏差(grads standard deviation)、逆差矩(inverse difference moment)和大小梯度主导(small and big grads dominance)参数。这些参数的具体计算公式如表 4-3 所示,其实现过程采用 Matlab 2010a 软件来执行。

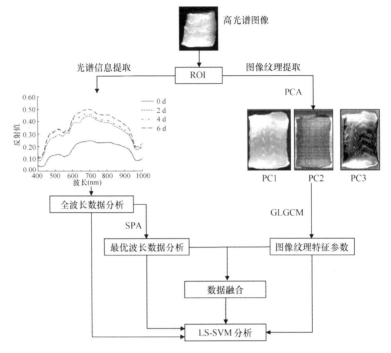

图 4-1　数据融合预测鱼肉 QIS 值流程图

Figure 4-1　Data fusion for prediction of QIS in fish fillet by hyperspectral imaging

表 4-3　GLGCM 提取的图像纹理参数

Table 4-3　Texture features extracted from GLGCM matrix

特征参数	计算公式
small grads dominance	$T_1 = \left[\sum_{i=1}^{n} \sum_{j=1}^{n} \dfrac{H(i,j)}{j^2} \right] \Big/ \left[\sum_{i=1}^{n} \sum_{j=1}^{n} H(i,j) \right]$
big grads dominance	$T_2 = \left[\sum_{i=1}^{n} \sum_{j=1}^{n} j^2 H(i,j) \right] \Big/ \left[\sum_{i=1}^{n} \sum_{j=1}^{n} H(i,j) \right]$
energy	$T_3 = \sum_{i=1}^{n} \sum_{j=1}^{n} \left[P(i,j) \right]^2$
inertia	$T_4 = \sum_{i=1}^{n} \sum_{j=1}^{n} (i-j)^2 \cdot P(i,j)$
gray entropy	$T_5 = -\left\{ \sum_{i=1}^{n} \left[\sum_{j=1}^{n} P(i,j) \right] \cdot \log_{10} \left[\sum_{j=1}^{n} P(i,j) \right] \right\}$
grads entropy	$T_6 = -\left\{ \sum_{j=1}^{n} \left[\sum_{i=1}^{n} P(i,j) \right] \cdot \log_{10} \left[\sum_{i=1}^{n} P(i,j) \right] \right\}$
hybrid entropy	$T_7 = -\sum_{i=1}^{n} \sum_{j=1}^{n} P(i,j) \cdot \log_{10} P(i,j)$
gray mean	$\mu_1 = \sum_{i=1}^{n} i \cdot \left[\sum_{j=1}^{n} P(i,j) \right]$

续表

特征参数	计算公式
grads mean	$\mu_2 = \sum\limits_{j=1}^{n} j \cdot \left[\sum\limits_{i=1}^{n} P(i,j) \right]$
gray standard deviation	$\partial_1 = \left\{ \sum\limits_{i=1}^{n} (i - \mu_1)^2 \left[\sum\limits_{j=1}^{n} P(i,j) \right] \right\}^{1/2}$
grads standard deviation	$\partial_2 = \left\{ \sum\limits_{j=1}^{n} (i - \mu_2)^2 \left[\sum\limits_{i=1}^{n} P(i,j) \right] \right\}^{1/2}$
correlation	$T_8 = \dfrac{1}{\partial_1 \partial_2} \sum\limits_{i=1}^{n} \sum\limits_{j=1}^{n} (i - \mu_1)(j - \mu_2) P(i,j)$
inverse difference moment	$T_9 = \sum\limits_{i=1}^{n} \sum\limits_{j=1}^{n} \dfrac{1}{1 + (i-j)^2} P(i,j)$

4.3 QIS 预测分析

4.3.1 光谱特性分析

图 4-2 展示了草鱼片样品在 4℃条件下分别储藏 0 天、2 天、4 天、6 天的平均光谱反射值。在本研究中，草鱼片从储藏 0 天到第 6 天期间，感官评价的 QIS 值从 0（最小值为 0）逐渐增大为 16（最大值为 18），这样可以形成一个较为合理的从新鲜到最终腐败变质的预测区间。从图 4-2 可以明显看出，储藏 0 天的样品的光谱反射值较低，远离储藏 2 天以上的样品光谱值。同样地，随着储藏时间的增加，QIS 值增加，对应的光谱反射值也不断升高。形成这些光谱信息波动的原因可能与微生物腐败和内源酶活性共同作用引起的化学成分和物理特性的变化有关[5]。

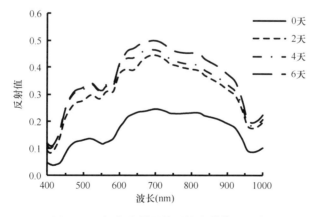

图 4-2 4 组鱼肉样品的平均光谱特征曲线

Figure 4-2 Average spectral features of the tested grass carp fillets during cold storage

4.3.2　LS-SVM 分析

在全波段范围内，共得到 381 个波长变量。通过 SPA 进行变量筛选，从全波长范围内挑选出 5 个最为重要的特征波长依次为 441 nm、560 nm、598 nm、639 nm 和 684 nm。另外，借助 GLGCM 算法提取了 13 个表征鱼肉感官特性变化的图像纹理信息变量参数，构成了 3 组 LS-SVM 模型，分别为基于全波长光谱数据的模型（Ⅰ），共计 381 个变量；基于最优特征波长的光谱数据的模型（Ⅱ），共计 5 个变量；基于图像纹理特征参数数据的模型（Ⅲ），共计 13 个变量。表 4-4 阐述了基于高光谱成像鱼肉的光谱信息和纹理信息所建立的 LS-SVM 模型的性能大小比较。从表 4-4 可以看出，模型Ⅰ和模型Ⅱ都具有较好的预测性能，两种模型的 $R^2_P > 0.900$，RPD > 3.000。具体分析而言，与模型Ⅱ（RPD = 3.010、$R^2_C = 0.906$、$R^2_{CV} = 0.889$、$R^2_P = 0.905$、RMSEC = 0.920、RMSECV = 1.003、RMSEP = 0.922）相比，模型Ⅰ展示了较好的校正和预测精确度与可靠性，其 RPD、R^2_C、R^2_{CV} 和 R^2_P 分别提高了 10.96%、3.31%、2.70% 和 1.22%，对应的均方根误差分别降低了 21.20%、10.27% 和 5.31%。尽管模型Ⅱ的评价指标值较低，但相差不大，这说明，以 5 个最优波长建立的模型性能可以与 381 个全波长建立的模型性能等价，但是可以节约 98.7% 的计算时间和劳动成本。因此，可以建议利用几个最为有效的波长来代替全波长发展一个多光谱成像系统服务于工业化的在线应用是可行的。另外，与基于光谱信息所建立的预测模型作比较，单一采用 13 个图像纹理信息变量所构建的预测模型Ⅲ在 QIS 预测方面具有较差的表现，具有较低的 RPD = 1.580，$R^2_P = 0.702$ 和较高的 RMSEP = 1.954。这说明，单一利用图像纹理信息建立的预测模型的稳定性和可靠性比较差，这一点与利用图像信息预测腌制猪肉的 pH 情况相一致。基于 LS-SVM 模型分析，利用不同的信息建立的 LS-SVM 模型呈现不同的预测精度和可靠度。同时，也可以表明，在模型性能方面，与图像纹理信息相比，高光谱图像的光谱数据可以提供更多的有用信息服务于 LS-SVM 模型的建立。

表 4-4　LS-SVM 模型预测 QIS 值性能分析

Table 4-4　Performances of LS-SVM model for predicting QIS value of grass carp fillet

模型类型	变量数目	校正集		交互验证集		预测集		RPD
		R^2_C	RMSEC	R^2_{CV}	RMSECV	R^2_P	RMSEP	
全波长（Ⅰ）	381	0.936	0.725	0.913	0.900	0.916	0.873	3.340
最优波长（Ⅱ）	5	0.906	0.920	0.889	1.003	0.905	0.922	3.010
纹理特征（Ⅲ）	13	0.713	1.889	0.710	1.903	0.702	1.954	1.580
数据融合（Ⅳ）	394	0.954	0.549	0.923	0.788	0.937	0.722	3.850
数据融合（Ⅴ）	18	0.956	0.545	0.931	0.711	0.944	0.703	4.230

4.3.3 数据融合分析

为了提高预测模型的稳健性和可靠性，融合高光谱图像的光谱数据和图像纹理数据可以有效提高模型的预测性能。因此，两组数据融合后构成新的 LS-SVM 模型：由全波长光谱信息融合图像纹理信息构成的模型（IV），共计 394 个变量；由最优波长信息融合图像纹理信息构成的模型（V），共计 18 个变量。从表 4-4 可以看出，融合后的两种模型都表现出优异的预测性能。具体分析而言，与模型 IV 相比，模型 V 表现出更优的预测精度和可靠性，其 RPD = 4.230，R^2_C = 0.956，R^2_{CV} = 0.931，R^2_P = 0.944 以及 RMSEC = 0.545，RMSECV = 0.711 和 RMSEP = 0.703，这说明，融合后的模型 V 不仅性能优良，而且变量信息和冗余信息大大减少，可以有效促进成像系统的改造与升级。同样地，融合后的模型与融合前的模型相比，融合后的 LS-SVM 模型在预测 QIS 值上比没有进行数据融合的原始模型展现出较大的优越性，这一点也被相关文献所证实[8,9]。在另外一项研究中，可见近红外光谱仪结合 PLSR 模型被用来预测鳕鱼片冷藏过程中感官评价值的变化，预测决定系数为 R^2_P = 0.865，RMSEP = 3.4[4]。通过对数据的分析比较，可以有效地证明采用高光谱成像技术要比单一的可见/近红外光谱仪的预测精确度高。因此，可以推断出，在建立 LS-SVM 模型上，利用光谱和图像数据进行信息融合要比单一的光谱数值或者图像纹理变量值更为有效，这主要是因为数据融合能够捕捉到鱼肉的内部和外部信息，也能够提供较为全面的理解鱼肉感官的变化情况，进而提高了预测模型的精确度和可靠度。简言之，利用最优波长光谱信息融合图像纹理信息建立的 LS-SVM 模型在预测草鱼片 QIS 值上表现出了令人满意的性能，不仅证实了高光谱成像技术可以用来快速感知基于感官变化的鱼肉新鲜度情况，而且也进一步验证了采用 SPA 和 GLGCM 算法选择有用信息变量是合适的。

主要参考文献

[1] Cheng J H, Sun D-W. Hyperspectral imaging as an effective tool for quality analysis and control of fish and other seafoods: Current research and potential applications [J]. Trends in Food Science & Technology, 2014, 37(2): 78-91.

[2] Barbosa A, Vaz-Pires P. Quality index method (QIM): development of a sensorial scheme for common octopus (*Octopus vulgaris*) [J]. Food Control, 2004, 15(3): 161-168.

[3] Macagnano A, Careche M, Herrero A, et al. A model to predict fish quality from instrumental features [J]. Sensors and Actuators B: Chemical, 2005, 111: 293-298.

[4] Nilsen H, Esaiassen M. Predicting sensory score of cod (*Gadus morhua*) from visible spectroscopy [J]. LWT-Food Science and Technology, 2005, 38(1): 95-99.

[5] Sveinsdottir K, Martinsdottir E, Hyldig G, et al. Application of quality index method (QIM) scheme in shelf-life study of farmed Atlantic salmon (*Salmo salar*) [J]. Journal of Food Science,

2002, 67(4): 1570-1579.

[6] Chan T F, Esedoglu S, Park F E. Image decomposition combining staircase reduction and texture extraction [J]. Journal of Visual Communication and Image Representation, 2007, 18(6): 464-486.

[7] Suykens J A, Vandewalle J, De Moor B. Optimal control by least squares support vector machines [J]. Neural Networks, 2001, 14(1): 23-35.

[8] Liu D, Pu H, Sun D-W, et al. Combination of spectra and texture data of hyperspectral imaging for prediction of pH in salted meat [J]. Food Chemistry, 2014, 160: 330-337.

[9] Zhu F, Zhang D, He Y, et al. Application of visible and near infrared hyperspectral imaging to differentiate between fresh and frozen-thawed fish fillets [J]. Food and Bioprocess Technology, 2013, 6(10): 2931-2937.

第 5 章　肉品物理特性高光谱成像检测

5.1　冷冻猪肉物理特性高光谱成像检测

5.1.1　引言

　　猪肉是最具营养价值的肉类产品之一，也是人们尤其是中国居民获取优质蛋白质的主要途径，然而猪肉是易变质肉品[1]。低温可以减缓肉品内部大部分生化反应，因此冷冻是一种最为常用的技术手段以保证其质量。此外，不同的冷冻技术也会对冷冻肉的质量造成不同程度的影响[2,3]。例如，慢速冷冻促进大冰晶生成，这可能会损坏细胞结构，在解冻时它会导致更多的肉汁损失和肉色的褪色或变暗[4,5]。此外，冷冻储存温度的波动也能恶化冷冻食品的质量，引起蛋白质变性和脂肪氧化变质[6-8]。很多指标可以用来表征冷冻肉品质，包括自然解冻过程中失水率、蒸煮失水率、肉色和嫩度。它们从不同侧面反映肉品品质，其中，解冻失水率和蒸煮失水率是对经济效益有直接影响的两个重要指标。用传统的方法来测量解冻失水率和蒸煮失水率是需要通过称量解冻前后或蒸煮前后样品重量差来测得。在测量解冻失水率前，样品通常解冻 12～24 h[9]。猪肉的颜色可以利用比色计来测量，影响消费者的感官评价和消费欲望。嫩度反映了产品的适口性，剪切力（Warner-Bratzler shear force，WBSF）是目前公认的测量和表征肉嫩度的方法。所有这些测量技术是耗时的，特别是不能满足在线测量的要求。高光谱成像（HSI）是农业和食品工业领域广泛采用的一种新的非破坏性的测量方法。 高光谱成像可提供空间和光谱信息用于图像中的每个像素。所以高光谱成像不仅可以像传统的图像技术一样，很容易地捕捉到外部属性（大小、颜色、形状、表面纹理等），也能够如光谱技术识别食品中的化学成分[10]。从光谱特性上看，冷鲜肉不存在水分相变和表面冰霜等因素干扰，光谱曲线相对于冷冻肉统一、简单。然而，众所周知，解冻会给冷冻产品带来不可逆的损伤。解冻并质检后的食品无法再正常销售，严重损害商品价值。因此，对冷冻产品来说，先解冻后检测的方法，不能称之为"快速、无损"的检测。因此，本研究旨在探索基于高光谱成像的无须解冻直接测量冷冻猪肉品质的快速检测方法。

5.1.2　冷冻猪肉样品

120 块（长×宽×高，4 cm × 5 cm × 10 cm）质量为（200 ± 4）g 的猪肉样品用 4 种技术冷冻，包括液氮冰冻、浸渍冷冻、空气鼓风冷冻和常规冰箱冷冻，冷冻过程的主要参数如表 5-1 所示。温度探头（T 型热电偶）插入到样品中心并记录温度变化。总共 120 个样品，每 5 个样品分为一组实验，当一组的所有 5 个样品中心温度都达到–20℃时，样品被移入冰箱，在–20℃温度下存放 3 天。

表 5-1　冷冻猪肉样本的冷冻参数

Table 5-1　Freezing parameters for pork samples

冷冻方法	冷冻温度（℃）	样品数量	设备
液氮冷冻	–60、–80、–100、–120	30	DJL-SLX545，中国德捷力有限公司
浸渍冷冻*	–20 、–30 、–40	30	CTE-SE7510-05F，中科赛凌（北京）科技有限公司
鼓风冷冻	–20、–40、–60	30	CTE-SE7510-05F，中国德健利有限公司
常规冰箱冷冻	–20、–25、–30	30	BL/BD-719H，海尔集团

*浸渍冷冻：冷冻介质由体积比 1 : 1 的乙醇和水构成。浸渍冷冻前猪肉样品进行真空包装

5.1.3　品质指标测定

自然解冻汁液流失率测定：图像采集后，对冷冻猪肉样品立即称重（记质量 m_1）。然后将样品在 4℃的温度下解冻 24 h[5]，对所述解冻后的样品质量（m_2）再次测量。自然解冻汁液流失率，简称解冻失水率根据以下公式计算：

$$解冻失水率（\%）= \frac{m_2 - m_1}{m_1} \times 100\% \tag{5-1}$$

色泽测定：解冻后样品由色度仪测定样品肉色，由 L*、a*和 b*模式记录数据。每个样品选取 3 个不同点测量。

蒸煮失水率测定：蒸煮失水率的测定是参考 Honikel[9]总结的方法。即将冷冻-解冻的样品在 80℃水浴中加热，当样品的中心温度达到 75℃，取出蒸煮的样品在 4℃下冷却 4 h，然后对此时样品质量（m_3）进行称量和记录。蒸煮失水率根据下列公式计算：

$$蒸煮失水率（\%）= \frac{m_3 - m_1}{m_1} \times 100\% \tag{5-2}$$

式中，m_1 为冷冻样品的质量。

剪切力测定：WBSF 参考 Honikel[9]总结的方法进行测量，在本实验中，每个熟肉样品切出 3 个横截面积 100 mm² （10 mm × 10 mm）与长度不少于 30 mm 的长方体，长方体的长边顺着肌纤维方向。然后用 Instron 万能试验机垂直于纤维方向对肉长方体进行剪切，对 3 个肉长方体的剪切力数值求平均值即代表此肉品的

剪切力（N）。

5.1.4　图像分割和光谱提取

　　为了获得更加有代表性的光谱信息，建立稳定的光谱模型。本实验比较了两种选择感兴趣区域（ROI）的方法以提取光谱：第一种方法是只去除图像背景。首先，通过从高反射率波段减去低反射率波段的方法获得阈值，对高光谱图像进行分割[11]。然后，将冻肉样品上的所有像素选作感兴趣区域（ROI），最后将 ROI 内的光谱的平均值作为整个样品的光谱，其效果如图 5-1（c）所示。这是目前常见、通用的方法。第二种方法是一种改进的 ROI 选择方法，不仅除去图像中的背景，而且去除霜区域和阴影区域。该方法通过 ENVI V4.8 软件实现。具体操作过程是：首先打开 ENVI 软件中的 ROI 工具，然后选择初步的感兴趣区域［图 5-1（c）］，最后按下"Grow"功能键。在预先存在的 ROI 基础上，根据光谱的方差对像素进行进一步划分。实际效果如图 5-1（d）所示，冻肉表面的冰霜和侧面的阴影区域不再包含在 ROI 中。图 5-2 展示了利用高光谱成像技术检测冷冻猪肉品质的主要步骤。

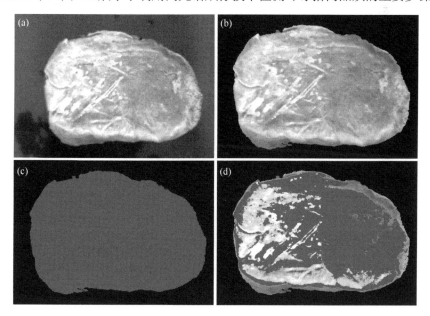

图 5-1　ROI 选择的主要过程（另见彩图）

（a）原始 HSI 图像；（b）去除背景的图像；（c）将冷冻样本的所有像素选为 ROI 的图像（红色区域）；（d）去除背景，再去除冰霜和阴影区域后，选择的 ROI 图像（红色区域）

Figure 5-1　The main processes of selecting ROI pixels

（a）raw HSI image；（b）image after background removal；（c）ROI（red region）based on all pixels of the frozen sample；（d）ROI（red region）based on the removal of the frost and shadow areas

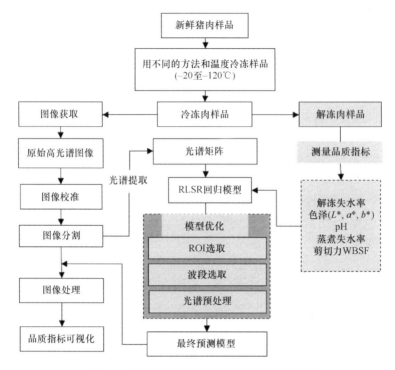

图 5-2 冷冻猪肉高光谱测量的主要实验流程
Figure 5-2 The main experimental procedure of measurement of pork quality using HSI

5.1.5 冷冻猪肉品质指标的测定与分析

冷冻猪肉样品的品质指标传统方法测量结果如表 5-2 和表 5-3 所示。肉的颜色是可以影响消费欲望的重要指标。指标 L^*、a^* 和 b^* 分别用于表明样品的亮度、红度和黄度。一般来说，肉的颜色是由动物的宰前年龄、运动量、蛋白质和脂肪含量，以及宰后的储存时间来确定。特别是，肌红蛋白的氧化是肉呈现红色的一个主要因素。如表 5-2 所示，L^*、a^* 和 b^* 的平均值分别为 51.36、3.99 和 5.62。此外，3 个肉品颜色指标之间存在着很强的相关性，即 L^* 与 a^* 极显著相关（$R = -0.4$，$P < 0.01$），并与 b^* 极显著相关（$R = 0.571$，$P < 0.01$）。

表 5-2 用传统的方法测量的冷冻猪肉样品的质量指标
Table 5-2 Quality indicators of frozen pork meat samples measured by traditional methods

数值	L^*	a^*	b^*	解冻失水率（%）	蒸煮失水率（%）	WBSF（N）
最小值	43.58	0.84	1.66	1.81	12.80	15.94
最大值	66.03	6.98	12.59	13.67	24.59	38.77
平均值	51.36	3.99	5.62	5.35	18.19	26.37
方差	5.14	1.21	2.25	2.01	2.19	6.02

表 5-3　冷冻猪肉样品的各质量指标的相关性分析

Table 5-3　Correlation analysis on quality indicators of the frozen pork meat samples

质量指标	L^*	a^*	b^*	解冻失水率	蒸煮失水率	WBSF
L^*	1	-0.400^{**}	-0.022	0.084	-0.071	0.049
a^*		1	0.571^{**}	0.309^{**}	-0.043	-0.063
b^*			1	0.533^{**}	-0.155	-0.297^{**}
解冻失水率				1	0.456^{**}	-0.068
蒸煮失水率					1	-0.080
WBSF						1
温度	0.183	-0.192^*	-0.325^{**}	0.212^*	-0.048	0.159

*表示相关性达到显著水平（$P < 0.05$）；**表示相关性达到极显著水平（$P < 0.01$）

表 5-2 还显示了解冻失水率值范围是从 1.81 至 13.67，蒸煮失水率是从 12.80 至 24.59，并且两个指标显著相关（$R = 0.456$，$P < 0.01$），因为它们都是与水分有关的两个指标。此外，嫩度与肉类产品的适口性密切相关。但它的测量是一个复杂和不精确的过程，并且嫩度还受多种胴体自身因素影响，如品种、年龄、肌纤维直径、肌肉化学成分和屠宰工艺。因此，表 5-2 中的 WBSF 的结果呈现最大的标准方差（SD = 6.02）。此外，分析结果还表明，该冷冻温度可能影响 a^*（$R = -0.192$，$P < 0.05$），b^*（$R = -0.325$，$P < 0.01$）和解冻失水率（$R = 0.212$，$P < 0.05$）。其原因可能是肉汁含有血红素，解冻失水率可能进一步导致解冻肉的颜色变化，从而导致红度（a^*）和黄度（b^*）的降低。

5.1.6　冷冻猪肉光谱特征及与冰霜的区别

新鲜肉品、冷冻肉品和冰霜的光谱在可见光和近红外波段对比示于图 5-3 和 5-4。

在整个可见/近红外范围（400～2500 nm），新鲜肉的光谱反射值都比冷冻样品的低，特别是，巨大的波谷出现在 440 nm、570 nm、980 nm 和 1200 nm 附近的。这些波段被认为是液体水中 O—H 伸缩和弯曲的吸收区域[12]。当样品被冻结后，光谱发生变化：440 nm 波谷移至较短波长（420 nm 附近）。此外，邻近 980 nm 和 1200 nm 的反射率增加。此外，冷冻样品出现了一个新的明显的波峰在 1880 nm 处，而新鲜肉在此处光谱线几乎是直线。无疑，冷冻过程中水的相变影响了光谱吸收，从而改变了整个光谱曲线的形状。Büning-Pfaue[12]报道了相变对水分子结构的影响。当水冻结时，分子通过氢键与它的相邻分子结合，形成稳定的三维网络。当水接近其沸点时，水分子可发生激烈的平移和旋转运动，难以保持氢键适当的位置和方向，所以分子间相互作用变弱。本实验证实，温度越高，水吸收的光谱越少，因此反射值较低。另外一个重要的发现是，光谱在 1880 nm 的特殊性，该光谱含有水液态变固态的相变信息和水分子结构的信息。

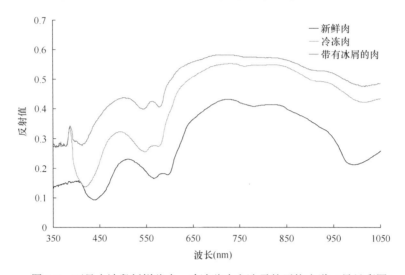

图 5-3　可见光波段新鲜猪肉、冷冻猪肉和冰霜的平均光谱（另见彩图）

Figure 5-3　The mean spectrum of fresh pork meat，frozen pork meat and frost in visible bands

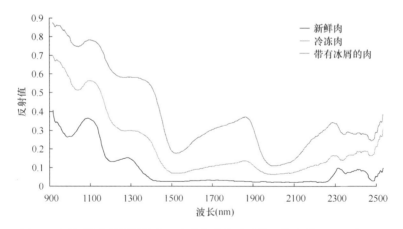

图 5-4　近红外波段新鲜猪肉、冷冻猪肉和冰霜的平均光谱（另见彩图）

Figure 5-4　The mean spectrum of fresh pork meat，frozen pork meat and frost in NIR bands

　　尽管样品表面上的冰霜的光谱与冷冻样品的光谱是很相似的，但它们在细节上仍有不同。例如，冰霜的整体反射值比冻肉的更高。此外，近 420 nm 处低谷很浅，接近 1880 nm 反射峰非常突出。因此，如果不能够将冰霜与冷冻肉这两种光谱分开，这必将造成光谱建模的困难和检测精度的下降。

5.1.7　不同品质指标的模型精度的比较

在本研究中，将冷冻的样品的整个区域选定为 ROI 提取平均光谱（未剔除冰霜区域）。然后基于全波段的、原始的光谱（400～2500 nm），建立各个质量指标的初步预测模型，模型预测性能如表 5-4（I）所示。实验结果表明模型 $L*$ 和蒸煮失水率的预测精度是最好的，其次是对解冻失水率和 $b*$ 的预测，pH 和 WBSF 的模型预测性能最差。pH 测量结果的标准偏差过小（SD = 0.07），这对建立稳健的光谱模型是不利的。此外，WBSF 测量的复杂性及数据的误差，可能是相应的模型表现不佳的主要原因。虽然解冻失水率和蒸煮失水率这两个指标均与水分相关，但两个模型精度是不同的。模型预测准确度解冻失水率低于蒸煮失水率。其原因可能如下：在蒸煮过程中，肉中所有的细胞被破坏，固体物质被加热成为可食用部分，而几乎全部自由水被挤压出来，因此预测蒸煮失水率接近预测样品中的总水分含量，这个数值是相对固定的。已有报道显示，蒸煮失水率在新鲜肉及冷冻肉样品之间不显著，在不同速率的冷冻和解冻的样本中的差异也不显著[13]。另外一方面，肉样品中解冻失水率只是样品水分中的一部分，它与肌肉细胞的微结构的受损程度有关，受冷冻速率、解冻速率的影响[14,15]。这些差异导致了解冻失水率和蒸煮失水率的光谱模型性能不同。对于 $L*$、$a*$ 和 $b*$ 初始模型的预测相关系数（R_P^2）分别为 0.734、0.445 和 0.653，这表明它有可能使用 HSI 预测解冻后肉的颜色。基于表 5-4 中的数据，可以看出，对于冷冻样品的质量指标的预测初始模型的表现是不如对于新鲜肉的模型[16]，因此还需要进一步的研究，以提高预测精度。

表 5-4　不同的 ROI 的选择方法的模型表现的比较

Table 5-4　**Comparison of the model performances by different ROI selection methods**

处理方法		$L*$	$a*$	$b*$	解冻失水率	蒸煮失水率	WBSF
	LVs	5	8	5	4	6	2
I	RMSEP	1.467	0.811	0.930	1.482	1.217	4.368
	R_P^2	0.734	0.445	0.653	0.447	0.688	0.092
	LVs	7	8	4	4	6	2
II **	RMSEP	1.135	0.761	0.879	1.396	1.192	4.295
	R_P^2	0.802	0.512	0.689	0.509	0.701	0.116

注：**改进的 ROI 方法：ROI 区域剔除了样品上的冰霜和阴影；LVs. latent variables，PLSR 建模中的主成分潜在变量个数

5.1.8　改进 ROI 选择方法对模型精度的影响

建模前一个必不可少的步骤是，从感兴趣区域中提取光谱来代表样本的光谱，

这样平均光谱是否具有代表性将影响模型的性能。在本研究中，对两种 ROI 选择方法进行了比较：第一种是仅除去背景，这是在许多实验中常用的方法，将选择样本所有像素作为 ROI 来提取光谱；而第二种方法，不仅除去背景，冻品上的冰霜和阴影区域也被剔除，将其余的像素（冻肉区域）选择为感兴趣区域。如先前所讨论的，冷冻肉和冰霜的光谱存在一些差异，而不同的光谱的混合会影响模型的性能[17]。如表 5-4（II）所示，基于第二种 ROI 选择方法的模型预测精度得到了改善。其中 L*和蒸煮失水率是光谱模型提升效果最显著的 2 个指标。

5.1.9 基于不同光谱波段建模效果分析

光谱通常包含冗余和重复的数据。因此，更多的波段并不一定意味着更好的模型性能。如表 5-5 所示，对于预测蒸煮失水率，基于近红外光谱模型比基于全波段光谱的精确度更高。对于预测 L*，基于可见光波段的模型优于基于全波段光谱。这可能是由于氢键的吸收带（1000 nm、1200 nm）都位于近红外范围内，而在可见光波段内含有更多的颜色信息。另外一方面，如果仅仅是基于 RGB 3 种波长（700 nm、510 nm、440 nm）建模，结果十分不理想。例如，基于 RGB 数据的 L*预测模型 R^2_P 仅为 0.414，比其他 3 种模型都低。此结果说明，无论是可见光或近红外光谱中含有比 RGB 图像更多有用的信息。

表 5-5 基于不同的光谱波段的模型性能比较
Table 5-5 Comparison of the model performances based on different spectral wavebands

指标		全波段	Vis	NIR	RGB
L*	RMSEP	1.135	1.075	1.389	2.226
	R^2_P	0.802	0.867	0.778	0.414
a*	RMSEP	0.761	0.653	0.756	1.216
	R^2_P	0.512	0.622	0.531	0.017
b*	RMSEP	0.879	0.811	0.895	1.978
	R^2_P	0.689	0.734	0.681	0.246
蒸煮失水率	RMSEP	1.192	1.281	0.936	—
	R^2_P	0.701	0.655	0.779	—
解冻失水率	RMSEP	1.396	1.219	1.081	—
	R^2_P	0.509	0.591	0.664	—

注：Vis（可见光）模型含 381 个波段覆盖 400～1000 nm；NIR（近红外）模型含 190 个波段覆盖 1000～2200 nm；全波段是 Vis 和 NIR 波段的总和；RGB 模型包括 3 个波段，440 nm、510 nm 和 700 nm。

5.1.10 光谱预处理对建模的影响

温度波动、表面粗糙度和光散射可以降低光谱模型的性能。这个问题可以通过光谱预处理消除。在本研究中，采用了 7 种光谱预处理方法进行了检查和对比，如表 5-6 所示。结果显示，并非所有的预处理方法都能有效地提高模型的准确度。S-G 平滑和多元散射校正（MSC）[18]的效果最显著，然而，S-G 平滑和 MSC 的组合使用会减少模型的精度。因此，建模前选择适当的预处理方法是特别重要的。与原谱相比，MSC 预处理所作的光谱更顺畅，更有序，但它们的光谱形状没有显示出太多变化。肉的嫩度受多种因素影响，如年龄、品种、性别、摄食状况，尤其是在宰后成熟阶段会发生复杂的生化反应。此外，复杂的测量流程也导致肉品的 WBSF 测量值方差较大[19]。事实上，以前许多的论文[19,20]已表明，光谱技术在预测猪肉嫩度上的能力是有限的。Chan 等[19]表明光谱与计算机视觉相结合可以提高预测精度。这种做法值得被今后有关冻肉测量工作所参考。

表 5-6　光谱预处理对模型性能的影响

Table 5-6　Effect of spectral pretreatments on the model performances

预处理	$L*$		$a*$		$b*$		蒸煮失水率		解冻失水率	
	RMSEP	R^2_P	RMSEP	R^2_P	RMSEP	R^2_P	RMSEP	R^2_P	RMSEP	R^2_P
原始数据	1.075	0.867	0.653	0.623	0.811	0.734	0.936	0.779	1.081	0.664
平移	1.312	0.783	0.641	0.633	0.791	0.747	1.069	0.712	1.110	0.652
中值处理	1.493	0.744	0.689	0.583	0.783	0.752	1.128	0.732	1.026	0.686
高斯处理	1.114	0.851	0.625	0.672	0.831	0.721	1.078	0.707	1.017	0.689
标准化	1.256	0.833	0.658	0.611	0.748	0.777	0.968	0.764	1.001	0.695
S-G 平滑	0.943	0.898	0.612	0.689	0.690	0.807	0.784	0.845	0.962	0.762
MSC	0.900	0.907	0.581	0.716	0.643	0.814	0.870	0.809	0.985	0.719
SNV	1.196	0.835	0.629	0.660	0.760	0.768	0.896	0.798	0.976	0.738
S-G 平滑 +MSC	0.987	0.888	0.602	0.707	0.687	0.808	0.968	0.764	0.971	0.740

5.2　鸡肉物理特性高光谱成像检测

5.2.1　鸡肉色泽参数及嫩度传统测定

本节采用型号为 CR-400 美能达色差计（Minolta Corp.，Ramsey，Japan）测定鸡肉样本的颜色。为了实现准确测定，在测定前先用标准陶瓷白板进行校正，然后对每个鸡肉样品的中上部和中下部位置各测定一次。这种二次采样的方法是为了研究同一片肉不同部位颜色差异，同时为了获取更大范围的参考值数据。最后，共获得的 224 个子样品的颜色结果以 CIE 颜色空间的 $L*$、$a*$、$b*$参数显示出来。参数 $L*$代表亮度值，数值变化范围从 0～100，而参数 $a*$和 $b*$分别代表颜色变化从绿到红、从蓝到黄，数值变化范围都是从 –120～120。此外，在鸡肉冷藏的基础上，$L*$、$a*$、$b*$数值变化范围更大。较大的参考值变化范围有助于建立稳健的预测模型。不同冷藏天数的鸡肉样本颜色 $L*$、$a*$、$b*$ 参考值统计结果如表 5-7 所示。

表 5-7　采用传统方法测定冷藏期间鸡肉颜色和嫩度参考值的结果
Table 5-7　Reference values of color and tenderness of chicken fillets

参数	最小值	最大值	平均值	标准差	范围
$L*$	42.57	57.57	49.42	3.23	15.00
$a*$	−0.56	7.85	2.96	1.98	8.41
$b*$	4.94	25.55	14.29	5.82	20.61
WBSF（N）	16.22	95.38	39.72	17.48	79.16

嫩度也是最重要的物理品质指标之一。嫩度极大地影响鸡肉的质地、多汁性、风味和适口性。鸡肉嫩度值的高低与一些重要物理/化学特性有密切关系，如水分/系水力、蛋白质（肌纤维和胶原蛋白）、脂肪等[21]。低系水力会导致水分流失过多而使得剪切强度增大（低嫩度）。蛋白质变性常会引起肌纤维萎缩，组织结构变得更紧凑、肉质更硬。另外，还有研究发现胶原蛋白含量与嫩度有密切关系。胶原蛋白含量越高，肉品的嫩度值越低。相反，脂肪含量的升高有利于提高嫩度值。在现代肉品工业中，嫩度值大小已经被看成是评价肉品是否具有高品质的关键指标之一。目前，最常用的嫩度评价方法是通过质地测定仪器如万能材料试验机（Instron universal testing machine）和 TA-TX2 质构仪测定鸡肉的 Warner-Bratzler 剪切力值（Warner-Bratzler shear force，WBSF）。尽管 WBSF 方法是客观可靠的，但这种方法是有损的且消耗大量时间，不适合在线应用。

根据国家农业部公布的行业标准 NY/T 1180—2006[22] 测定鸡肉的 WBSF 值，用于评价其嫩度。本节研究中，每个鸡肉样本首先用手术刀切成宽 1 cm、厚 1 cm 的肉片。然后，采用英斯特朗万能拉力机测定所有（73 个）鸡肉样本的 WBSF 值。测试条件如下：采用 V 形刀具（刃口内角度为 60°，厚度为 0.75 mm），测试速率为 2 mm/s，最大剪切力（N）作为 WBSF 的参考值。对每个鸡肉样品的中上部和中下部位置各测定两次，两次平均值作为该取样位置的 WBSF 参考值。这种二次采样的方法是为了研究同一肉片不同位置的剪切力差异，同时也为了获取更大范围的 WBSF 参考值。结果，共获得 146 个子样本，其 WBSF 参考值统计结果如表 5-7 所示。

5.2.2　鸡肉色泽参数及嫩度预测

在建立回归模型前，需要将所有样本划分为两个子集即校正集和预测集。校正集样本用于建模过程，而预测集样本不参与建模过程，只是用于检验所建模型的预测性能。本研究采用随机抽样的分配原则，随机选取 1/3 的样本作为预测集，剩下的则作为校正集。因此,在用于测定颜色的所有 224 个子样本中有 74 个作为预测集,150 个作为校正集,而测定嫩度的所有 146 个子样本中有 48 个作为预测集,98 个作为校正集。为了消除原始光谱中的随机噪声,同时对比分析不同预处理方法的去噪效果,本研究系统地比较分析了 3 种常见光谱预处理方法,包括 S-G 平滑、MSC 和 SNV。然后,分别基于各预处理光谱建立全波长 PLSR 模型。为了比较分析,原始光谱数据(Raw)也用于 PLSR 的建模分析。图 5-5 展示了所有样本的原始平均反射光谱和经过不同预处理后的光谱曲线图。由图 5-5 可知,经过 S-G 平滑、MSC 和 SNV 预处理后的光谱曲线不仅保留了原始平均光谱的反射特性,而且分别从不同角度对原始平均光谱进行了强化。表 5-8 展示了基于不同预处理光谱建立的 PLSR 模型的预测结果。对比原始光谱模型和其他预处理光谱模型的预测结果,MSC 颜色和嫩度模型的预测集具有较高的 R_P 和较低的 RMSEP(L^*:$R_P = 0.880$,RMSEP = 1.494;a^*:$R_P = 0.911$,RMSEP = 0.826;b^*:$R_P = 0.960$,RMSEP = 1.063;WBSF:$R_P = 0.808$,RMSEP = 9.755)。因此,确定 MSC 为最佳光谱预处理方法,后面的数据处理全部是基于 MSC 预处理的光谱数据。

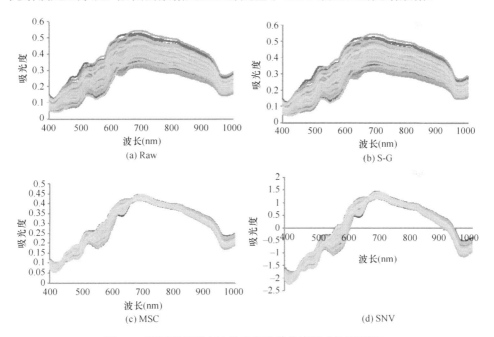

图 5-5　不同预处理方法的鸡肉光谱曲线图(另见彩图)

Figure 5-5　Spectral curves of chicken meat using different spectral pre-processing methods

　　全光谱波长数据量大且相邻波长数据点存在冗余和共线性。基于全光谱波长所建的 PLSR 模型需要较长的数据处理时间。因此,需要采用特征波长提取方法提取出少数几个波长建立简化模型,且尽可能保证模型的预测精度不受太大影响。

表 5-8　基于不同预处理光谱建立的颜色和嫩度 PLSR 模型的预测结果

Table 5-8　PLSR models of color and tenderness using the pre-processing spectra

预处理	品质参数	潜在变量	校正集		交互验证集		预测集	
			R_C	RMSEC	R_{CV}	RMSECV	R_P	RMSEP
Raw	$L*$	7	0.894	1.473	0.871	1.62	0.879	1.504
	$a*$	6	0.944	0.652	0.938	0.695	0.902	0.861
	$b*$	4	0.971	1.387	0.967	1.481	0.960	1.060
	WBSF	13	0.876	8.666	0.766	11.722	0.801	9.778
MSC	$L*$	6	0.884	1.535	0.864	1.665	0.880	1.494
	$a*$	3	0.948	0.631	0.943	0.663	0.911	0.826
	$b*$	2	0.978	1.207	0.977	1.239	0.960	1.063
	WBSF	12	0.879	8.571	0.765	11.694	0.808	9.755
SNV	$L*$	6	0.884	1.539	0.869	1.651	0.876	1.513
	$a*$	3	0.947	0.623	0.943	0.658	0.911	0.827
	$b*$	2	0.978	1.201	0.978	1.236	0.960	1.058
	WBSF	14	0.833	9.938	0.732	12.491	0.805	9.882
S-G	$L*$	7	0.893	1.476	0.870	1.645	0.879	1.503
	$a*$	6	0.951	0.610	0.945	0.654	0.910	0.823
	$b*$	4	0.971	1.387	0.969	1.462	0.960	1.051
	WBSF	15	0.897	7.935	0.761	11.705	0.797	16.906

本研究采用两种经典特征波长选择方法（SPA 和 RC）来提取颜色（$L*$、$a*$、$b*$）和嫩度的特征波长。图 5-6 展示了 RC 方法提取 $L*$、$a*$、$b*$和嫩度的特征波长，结果分别选出 8 个（447 nm，487 nm，522 nm，550 nm，608 nm，674 nm，852 nm，965 nm），8 个（446 nm，466 nm，508 nm，538 nm，558 nm，575 nm，600 nm，960 nm），8 个（450 nm，466 nm，490 nm，539 nm，562 nm，578 nm，638 nm，964 nm），12 个（402 nm，408 nm，422 nm，453 nm，481 nm，656 nm，687 nm，725 nm，775 nm，818 nm，977 nm，996 nm）波长作为 $L*$、$a*$、$b*$和嫩度的特征波长，而应用 SPA 提取 $L*$、$a*$、$b*$和嫩度特征波长的结果如表 5-9 所示。

基于提取的 $L*$、$a*$、$b*$和嫩度特征波长，分别建立 RC-PLSR 和 SPA-PLSR 简化模型。建模过程中，采用留一交互验证法检验模型是否出现过拟合。各模型预测结果如表 5-10 所示。从表 5-10 可以看出基于特征波长的 RC-PLSR 和 SPA-PLSR 模型在预测 $L*$、$a*$、$b*$时取得了较为满意的结果，而在预测嫩度 WBSF 值上准确度稍差，原因可能是人工切片导致厚度存在细微差异，而万能拉力机对厚度细微差异较敏感，使得所测 WBSF 值与光谱数据不能很好地对应起来。此外，RC-PLSR 和 SPA-PLSR 模型的校正集、交互验证集和预测集的结果相近，体现了模型的稳定性。

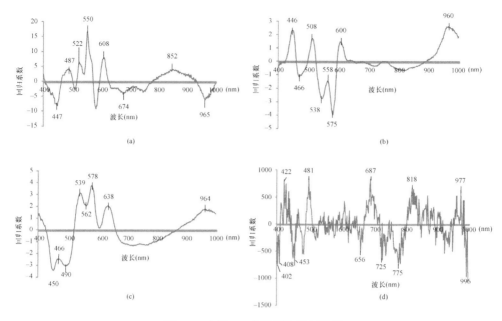

图 5-6　应用 RC 方法提取特征波长

（a）～（d）分别表示 *L**、*a**、*b**和嫩度的特征波长

Figure 5-6　Selection of feature wavelengths by the RC method

（a）—（d）represents selected wavelengths of *L**, *a**, *b** and tenderness，respectively

表 5-9　应用 SPA 提取 *L**，*a**，*b**和嫩度特征波长

Table 5-9　Selection of feature wavelengths of *L**，*a**，*b** and tenderness by SPA

品质参数	个数	波长（nm）
L*	5	407，447，522，550，586
a*	9	407，431，552，564，594，630，677，780，965
b*	9	420，440，485，549，578，603，633，810，964
WBSF	14	402，408，411，420，422，435，446，508，530，560，602，619，913，965

表 5-10　基于特征波长建立的简化 PLSR 预测模型的预测结果

Table 5-10　Results of optimized calibration models based on feature wavelengths

模型	品质参数	潜在变量	校正集		交互验证集		预测集	
			R_C	RMSEC	R_{CV}	RMSECV	R_P	RMSEP
RC-PLSR	*L**	6	0.891	1.493	0.873	1.618	0.873	1.545
	a*	4	0.940	0.671	0.937	0.694	0.894	0.891
	b*	2	0.958	1.675	0.956	1.735	0.951	1.463
	WBSF	7	0.732	12.235	0.658	13.674	0.675	12.321
SPA-PLSR	*L**	4	0.877	1.577	0.865	1.658	0.876	1.518
	a*	4	0.948	0.630	0.940	0.675	0.897	0.882
	b*	3	0.967	1.480	0.963	1.577	0.959	1.175
	WBSF	13	0.801	10.747	0.699	12.952	0.740	11.147

将 RC-PLSR、SPA-PLSR 模型结果与全波长 PLSR 模型结果进行对比，可以看出 RC-PLSR、SPA-PLSR 模型与全波段模型的结果相近，这证明了提取的特征波长具有较好的代表性。具体对比 RC-PLSR 与 SPA-PLSR 模型的预测结果，不难发现 SPA-PLSR 模型表现出更好的预测能力，具有较高的 R_P 值和较低的 RMSEP 值，反映了 SPA 相比于 RC 方法提取颜色和嫩度特征波长带有更多的有用信息。因此，SPA-PLSR 模型将应用于实现图像可视化，以便更直观地了解鸡肉的物理品质变化。

5.3　虾肉色泽特性高光谱成像检测

5.3.1　虾肉色泽参数传统测定

本节采用 Chroma Meter CR-400 便携式色彩色差仪获取虾仁样本在冷藏期间的色差变化。该色差仪的测量原理采用 CIE 1976 Lab 色度系统，通过均匀色的立体表示方法把全部颜色表示为 L^*、a^*、b^*，不仅可以精确地表达各种色调，也便于比较两种色调之间的色差，特别是在研究相近颜色的差异水平时（如比较不同批次的相同原材料），从而客观评价被测虾仁样本的色泽在亮度、明度、纯度 3 个方面随储存时间变化的变化情况。经校正后，手持 CR-400 便携式色彩色差仪测量虾仁的 L^*、a^*、b^* 值，每个位置测量 3 次取平均值。

表 5-11 列出了冷藏期间虾仁色泽参数的相关统计信息。在 0～6 天的冷藏期间内，训练集虾仁样本的 L^*、a^*、b^* 值分别从 35.85、–1.44、–1.12 变化到 48.54、1.24 和 4.87，呈现出一个较宽的颜色变化范围，这有利于建立一个稳健、准确的预测模型。此外预测集虾仁样本色泽参数的最小值和最大值均在训练集对应参数的变化范围内，确保了预测效果的有效性。

表 5-11　训练集和预测集虾仁样本的色泽参数统计

Table 5-11　Reference results of color parameters both in traning set and prediction set

参数	训练集				预测集			
	最小值	最大值	均值	标准差	最小值	最大值	均值	标准差
L^*	35.85	48.54	43.67	2.73	37.10	48.54	43.86	2.76
a^*	–1.44	1.24	0.16	0.62	–0.88	1.24	0.25	0.59
b^*	–1.12	4.87	1.20	1.31	–0.62	4.87	1.09	1.35

5.3.2　虾肉色泽参数预测

冷藏期间，虾仁样本的光谱反射率变化情况如图 5-7 所示。

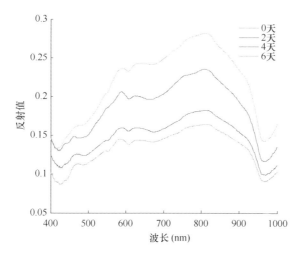

图 5-7　冷藏期间虾仁样本的平均光谱反射值（另见彩图）

Figure 5-7　Average spectra features of the tested prawns at different cold storage periods

在 400～1000 nm 光谱范围内，虾仁样本的平均光谱反射率随着冷藏时间的延长而逐渐增加，这一现象的出现可能与虾仁内部化学成分发生改变和水分不断流失有关。4℃冷藏 6 天，除了个别波段处的光谱变化幅度稍显不同外，虾仁样本的平均光谱呈现出相似的形状。其中 980 nm 左右的波谷是由水分子中 O—H 键倍频吸收引起的；在 930 nm 和 760 nm 附近的吸收波段分别是有机物中 C—H 键的三级和四级倍频吸收带；在 418 nm 和 547 nm 附近的波峰与血红蛋白和肌红蛋白分子上血红素的吸收作用有关，在 497 nm 和 620 nm 左右的波谷是由于高铁血红蛋白和高铁肌红蛋白分子上氧化血红素的吸收[23,24]。

高光谱图像获取过程中难免受到系统误差以及随机误差的干扰，因此在建模之前需要对平均光谱进行去噪处理。本研究采用 Savitzky-Golay（S-G）平滑、多元散射校正（MSC）和变量标准化（SNV）3 种去噪方法对原始平均光谱进行预处理。图 5-8 展示了所有样本的原始平均反射光谱和经过不同预处理后的光谱曲线图。

由图可知，经过 S-G 平滑、MSC 和 SNV 预处理后的光谱曲线不仅保留了原始平均光谱的反射特性，而且分别从不同角度对原始平均光谱进行了强化。

在 Unscrambler 软件中，分别以原始光谱和 3 种预处理光谱数据作为自变量 X，虾仁色泽参数（L^*、a^*、b^*）为因变量 Y，结合偏最小二乘回归（PLSR）算法建立相关性模型。PLSR 模型建立过程中，选用全交互验证计算模型的预测残差平方和，以确定最佳潜在变量个数。分别计算训练集和预测集样本的相关系数和均方根误差作为模型的主要评价标准。模型的相关系数越接近 1，均方根误差越接近 0，则模型的预测性能越好，精度越高。基于不同预处理数据建立的色泽参

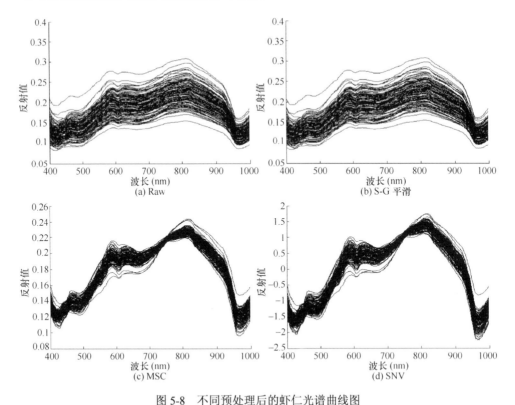

图 5-8　不同预处理后的虾仁光谱曲线图

Figure 5-8　The pretreated spectra with different de-noising methods

数（L^*、a^*和 b^*）PLSR 模型结果如表 5-12 所示。对于色泽参数 L^*和 a^*，采用 SNV 预处理光谱建立的 PLSR 模型最优，虽然训练集的 R_C 与 RMSEC 与原始光谱一致，但是其预测集的 R_P 和 RMSEP 均优于原始光谱。

比较原始光谱和 3 种预处理光谱建立的 b^*-PLSR 模型结果，经过 S-G 平滑预处理后，PLSR 模型的建模和预测结果均得到较大程度的改善，而基于 MSC 和 SNV 预处理光谱建立的 PLSR 模型均表现出不同程度的精度降低。因此，L^*、a^*和 b^*的最佳预处理方法分别是 SNV、SNV 和 S-G 平滑。基于选出的最佳预处理方法，对所有光谱数据进行去噪处理，便于后续数据分析。

本研究采用的可见/短波近红外光谱成像系统的分辨率为 1.6 mm/s，在 400～1000 nm 的光谱范围内共有 381 个波段。如此高维度的数据具有很强的冗余性和共线性，一方面增加了计算机的运算量与计算时间，另一方面高度共线性会降低模型的预测精度。因此，利用特征选择算法去除大量冗余的甚至有负面影响的波段，选出真正与色泽变化相关的波段显得尤为重要。本研究所采用的特征选择算法为连续投影算法（SPA）。如表 5-13 所示，SPA 从 381 个预处理光谱变量中分别选出 12 个、9 个和 11 个波长作为 L^*、a^*、b^*的特征波长。在 Unscrambler 和

表 5-12　不同预处理方法建立的色泽参数 PLSR 模型建模与预测结果

Table 5-12　Color prediction performance of PLSR models using different pretreated spectra

质构参数	预处理	潜在变量	训练集		预测集	
			R_C	RMSEC	R_P	RMSEP
L^*	Raw	13	0.92	0.022	0.81	0.033
	S-G 平滑	12	0.88	0.027	0.78	0.035
	MSC	10	0.90	0.024	0.82	0.032
	SNV	11	0.92	0.022	0.83	0.031
a^*	Raw	12	0.88	0.294	0.78	0.400
	S-G 平滑	11	0.87	0.310	0.77	0.415
	MSC	7	0.86	0.319	0.81	0.362
	SNV	8	0.88	0.312	0.82	0.359
b^*	Raw	9	0.89	0.596	0.85	0.693
	S-G 平滑	9	0.90	0.601	0.87	0.691
	MSC	8	0.83	0.714	0.77	0.834
	SNV	9	0.87	0.645	0.80	0.793

Matlab 软件中，基于 SPA 提取的特征波长，采用偏最小二乘回归（PLSR）、RBF 人工神经网络（RBF-NN）和最小二乘支持向量机（LS-SVM）分别建立 L^*、a^* 和 b^* 的预测模型。计算训练集和预测集的相关系数（R_C、R_P）和均方根误差（RMSEC、RMSEP）作为模型的主要评价标准。

表 5-13　基于 SPA 提取的特征波长

Table 5-13　Important wavelengths for each color parameters selected by SPA algorithm

参数	特征波长数（个）	特征波长（nm）
L^*	12	432、433、443、444、446、450、496、516、552、574、600、617
a^*	9	402、408、411、414、423、467、541、589、671
b^*	11	402、426、434、444、464、495、524、563、603、700、967

如表 5-14 所示，基于特征波长的 L^*-PLSR 模型和 b^*-PLSR 模型均取得了较为满意的结果，训练集和预测集的结果相近，其中 L^*-PLSR 模型的 R_C 和 R_P 分别达 0.87 和 0.82，RMSEC 和 RMSEP 分别为 0.066 和 0.072，b^*-PLSR 模型的 R_C 和 R_P 分别达 0.87 和 0.83，RMSEC 和 RMSEP 分别为 0.645 和 0.735。而且，特征波长 PLSR 模型（表 5-14）与全波段 PLSR 模型（表 5-12）的结果相近，说明提取的特征波长具有较好的代表性，SPA 是一种十分有效的特征波长选择方法。L^*-RBF-NN 模型和 b^*-RBF-NN 模型的结果总体较差，R_P 均远低于 R_C 且 RMSEP 均远高于 RMSEC，说明 RBF-NN 建模过程中可能存在过度拟合。对于 L^* 和 b^*，LS-SVM 的建模效果总体上略优于 PLSR，为最优建模方法。其中 L^*-LS-SVM 模型的 R_P 为 0.88，RMSEP 为 0.076，b^*-LS-SVM 模型的 R_P 为 0.85，RMSEP 为 0.685。

相比于 $L*$ 和 $b*$，基于 3 种方法建立的 $a*$ 预测模型结果均较差，这可能是因为冷藏期间虾仁 $a*$ 值的变化范围相对较窄。

表 5-14 基于特征波长的色泽参数建模与预测结果统计

Table 5-14 Performance of used models based on important wavelengths for color prediction

质构参数	模型	训练集		预测集	
		R_C	RMSEC	R_P	RMSEP
	PLSR	0.87	0.066	0.82	0.072
$L*$	RBF-NN	0.98	0.017	0.39	4.661
	LS-SVM	0.93	0.094	0.88	0.076
	PLSR	0.71	0.366	0.75	0.414
$a*$	RBF-NN	0.84	0.023	0.65	1.898
	LS-SVM	0.78	0.207	0.71	0.450
	PLSR	0.87	0.645	0.83	0.735
$b*$	RBF-NN	0.97	0.031	0.65	1.008
	LS-SVM	0.92	0.657	0.85	0.685

5.4 虾肉质构特性高光谱成像检测

5.4.1 虾肉质构参数传统测定

本节采用 Instron 质构分析仪获取虾仁样本在冷藏期间的质构特性变化，通过模拟人口腔的咀嚼运动，对虾进行两次压缩质地多面剖析即 TPA 测试。测试条件如下：采用直径为 5 mm 的平底柱形探头，控制测试前速率为 1 mm/s，测试速率为 1 mm/s，测试后速率为 6 mm/s，压缩程度为 40%，两次压缩停留间隔时间为 5 s，感应力大小为 5 g。测试结束后，从计算机中导出质构测试曲线并提取硬度、弹性、恢复性、胶着性、咀嚼性和黏聚性共 6 个质构特性参数。由于虾肉组织的非均质性，虾肉样本不同位置的质构特性呈现出较大的差异性，取第二肢节和第四肢节处作为测量位置，每个位置分别提取硬度、弹性、恢复性、胶着性、咀嚼性和黏聚性作为被测虾仁样本的质构特性参数[25]。冷藏期间，虾仁质构参数的相关统计信息如表 5-15 所示，在 0～6 天的冷藏期间内，训练集虾仁样本的硬度、弹性、恢复性、胶着性、咀嚼性和黏聚性分别从 0.089、0.864、0.335、0.03、0.03 和 0.096 变化到 3.746、1.014、0.806、1.614、1.463 和 0.809。冷藏期间只有硬度、胶着性和咀嚼性呈现出一个较宽的变化范围。出现这种现象可能与这些质构参数之间的数学关系有关，其中胶着性可以表示为硬度×黏聚性，而咀嚼性可以表示为硬度×黏聚性×弹性。此外，预测集虾仁样本质构参数的最小值和最大值均在训练集对应参数的变化范围内，确保了预测的可行性。

表 5-15　训练集和预测集虾仁样本的质构参数统计

Table 5-15　Reference results of mechanical properties both in traning set and prediction set

参数	训练集				预测集			
	最小值	最大值	均值	标准差	最小值	最大值	均值	标准差
硬度	0.089	3.746	0.817	0.994	0.095	3.526	0.384	0.820
弹性	0.864	1.014	0.961	0.035	0.948	1.104	0.99	0.014
恢复性	0.335	0.806	0.591	0.110	0.111	0.265	0.173	0.043
胶着性	0.03	1.614	0.431	0.806	0.049	1.527	0.253	0.730
咀嚼性	0.03	1.463	0.406	0.876	0.049	1.460	0.250	0.726
黏聚性	0.096	0.809	0.579	0.048	0.508	0.806	0.680	0.078

5.4.2　虾肉质构参数预测

本研究采用 S-G 平滑、MSC 和 SNV 3 种方法分别对原始光谱数据进行预处理，然后分别基于原始光谱和 3 种不同预处理后的光谱数据建立虾仁质构参数的 PLSR 模型，其建模与预测结果见表 5-16。由表 5-16 中可以看出，光谱数据经不同的预处理方法处理后，与同一质构参数建立的 PLSR 模型效果不同。

表 5-16　不同预处理方法建立的质构参数 PLSR 模型建模与预测结果

Table 5-16　Performance of PLSR models using pretreated spectra for texture prediction

质构参数	预处理	潜在变量	训练集		预测集	
			R_C	RMSEC	R_P	RMSEP
硬度	Raw	14	0.91	0.309	0.75	0.490
	S-G 平滑	15	0.89	0.338	0.74	0.501
	MSC	13	0.92	0.315	0.81	0.456
	SNV	14	0.91	0.304	0.73	0.504
弹性	Raw	14	0.93	0.013	0.81	0.020
	S-G 平滑	13	0.88	0.016	0.79	0.022
	MSC	12	0.90	0.015	0.79	0.022
	SNV	14	0.90	0.014	0.81	0.021
恢复性	Raw	15	0.93	0.018	0.85	0.026
	S-G 平滑	13	0.88	0.023	0.82	0.028
	MSC	14	0.92	0.019	0.83	0.028
	SNV	9	0.88	0.022	0.82	0.029
胶着性	Raw	14	0.89	0.143	0.71	0.228
	S-G 平滑	16	0.87	0.159	0.67	0.241
	MSC	13	0.89	0.146	0.69	0.234
	SNV	14	0.90	0.135	0.73	0.221

质构参数	预处理	潜在变量	训练集		预测集	
			R_C	RMSEC	R_P	RMSEP
咀嚼性	Raw	15	0.92	0.117	0.82	0.209
	S-G 平滑	15	0.86	0.147	0.77	0.217
	MSC	13	0.89	0.134	0.78	0.216
	SNV	14	0.89	0.133	0.80	0.215
黏聚性	Raw	13	0.88	0.049	0.73	0.071
	S-G 平滑	13	0.85	0.053	0.75	0.068
	MSC	11	0.88	0.049	0.75	0.070
	SNV	11	0.87	0.051	·0.73	0.070

经同一预处理方法处理的光谱数据与不同质构参数建立 PLSR 模型，其结果也不同。经过比较分析，虾仁弹性、恢复性和咀嚼性的最优建模数据均为原始光谱。与原始数据相比，基于预处理数据建立的 PLSR 模型的 R_C 和 R_P 均有所下降，RMSEC 和 RMSEP 均有不同程度的上升。此外，与原始光谱、S-G 平滑和 SNV 相比，基于 MSC 预处理光谱建立的硬度-PLSR 模型和黏聚性-PLSR 模型最优。同样，由表可知，SNV 是胶着性光谱数据的最佳预处理方法。因此，硬度、弹性、恢复性、胶着性、咀嚼性和黏聚性的最佳预处理方法分别是 MSC、Raw、Raw、SNV、Raw 和 MSC。基于选出的最佳预处理方法，对所有光谱数据进行去噪处理，便于后续数据分析。

为了减少高光谱图像中无关紧要的信息、减少数据处理过程中运算量和简化模型，采用 SPA 分别从预处理全光谱中提取预测硬度、弹性、恢复性、胶着性、咀嚼性及黏聚性的有效特征波长，运算后分别得到 13 个、10 个、8 个、14 个、9 个和 10 个波长作为特征波长，如表 5-17 所示。

表 5-17 基于 SPA 提取的特征波长

Table 5-17 Important wavelengths for each mechanical properties selected by SPA algorithm

参数	特征波长数（个）	特征波长（nm）
硬度	13	411、413、441、443、447、466、496、923、964、970、986、999、1000
弹性	10	413、416、438、441、467、492、519、602、775、883
恢复性	8	404、432、434、470、476、967、993、999
胶着性	14	408、412、421、434、446、452、467、490、922、964、970、985、999、1000
咀嚼性	9	408、411、447、456、466、939、959、999、1000
黏聚性	10	411、431、463、466、493、498、538、586、650、993

在 Unscrambler 和 Matlab 软件中,基于 SPA 所提取出的特征波长,采用 PLSR、RBF-NN、LS-SVM 3 种建模方法分别建立硬度、弹性、恢复性、胶着性、咀嚼性和黏聚性的预测模型, 如表 5-18 所示。

表 5-18　基于 SPA 特征波长的虾仁质构参数建模与预测结果统计
Table 5-18　Performance of used models using important wavelengths for texture prediction

质构参数	模型	训练集		预测集	
		R_C	RMSEC	R_P	RMSEP
硬度	PLSR	0.80	0.438	0.78	0.492
	RBF-NN	0.97	0.001	0.46	2.703
	LS-SVM	0.82	0.430	0.81	0.402
弹性	PLSR	0.72	0.024	0.67	0.028
	RBF-NN	0.95	0.002	0.32	0.150
	LS-SVM	0.75	0.023	0.69	0.031
恢复性	PLSR	0.74	0.033	0.71	0.035
	RBF-NN	0.94	0.016	0.56	0.134
	LS-SVM	0.78	0.031	0.77	0.026
胶着性	PLSR	0.77	0.208	0.68	0.238
	RBF-NN	0.97	0.021	0.40	0.353
	LS-SVM	0.85	0.218	0.80	0.163
咀嚼性	PLSR	0.76	0.189	0.70	0.209
	RBF-NN	0.98	0.058	0.46	0.310
	LS-SVM	0.88	0.185	0.84	0.174
黏聚性	PLSR	0.77	0.066	0.71	0.072
	RBF-NN	0.92	0.039	0.43	0.310
	LS-SVM	0.83	0.058	0.61	0.118

基于特征波长的硬度 PLSR 和 LS-SVM 模型取得了较为满意的结果, 且 LS-SVM 模型的预测效果($R_C = 0.82$、RMSEC = 0.430、$R_P = 0.81$、RMSEP = 0.402)略优于 PLSR。RBF-NN 硬度模型由于存在过度拟合而表现出较低的预测精度。基于特征波长建立的胶着性 PLSR 模型和咀嚼性 PLSR 模型, 其建模和预测结果均一般。采用 RBF-NN 建立的胶着性预测模型和咀嚼性预测模型总体表现较差。经比较, LS-SVM 是胶着性和咀嚼性的最佳建模方法, SPA-LS-SVM 胶着性模型的 R_C 和 R_P 分别为 0.85 和 0.80, RMSEC 和 RMSEP 分别为 0.218 和 0.163, SPA-LS-SVM 咀嚼性模型的 R_C 和 R_P 分别为 0.88 和 0.84, RMSEC 和 RMSEP 分别为 0.185 和 0.174。对于弹性、恢复性和黏聚性, 基于 3 种方法建立的预测模型结果均较差, 这可能是因为冷藏期间弹性、恢复性和黏聚性的变化范围相对较窄。

5.5 鱼肉色泽特性高光谱成像检测

5.5.1 鱼肉色泽参数传统测定

鱼肉样品处理方法同第 4 章阐述。鱼肉经过一系列处理后分别得到样品 210 个。样品随机分成 4 组，用密封袋装好，贴好标签，依次 4℃冷藏 0 天、1 天、3 天、5 天，然后进行高光谱扫描。在 210 个样品中，其中，140 个样品用来建立校正集，剩余 70 个用来建立预测集。在色泽参数的测量中，本研究采用 Minolta Chroma Meter CR-400 色差仪来测量草鱼片的色泽。在使用之前，需要利用标准白色陶瓷校正板进行校正，然后进行测量。在鱼肉表面选择 4 个不同的部位进行测量，4 次测量结果的平均值作为该鱼片的色泽信息。色泽参数采用国际 CIE 颜色空间进行记录，输出形式以 $L*$、$a*$ 和 $b*$ 值表示。一般而言，$L*$ 值表示色泽的亮度值，取值范围为 $0\sim100$。$a*$ 值代表色泽从绿色到红色的变化，取值范围为 $-120\sim120$。$b*$ 值代表颜色从蓝色到黄色的变化，取值范围为 $-120\sim120$。表 5-19 展示了采用色差仪所测量的鱼肉样品的色泽参数相关信息。从表 5-19 可以看出，利用常规实验方法所测量的色泽参数都有较好的预测范围值，这为建立对应的预测模型提供了可能性。

表 5-19 采用色差仪所测量的鱼肉样品的色泽参数值
Table 5-19 Reference measured colour values of fish samples

参数值	最大值	最小值	平均值	标准偏差	范围
$L*$	48.870	38.160	43.810	2.340	10.710
$a*$	3.750	−2.580	−0.870	1.180	6.330
$b*$	3.580	−1.520	0.440	1.230	5.100

5.5.2 鱼肉色泽参数预测

图 5-9 显示了从鱼片高光谱图像中提取的平均光谱信息的变化规律。从图 5-9 可以看出，在光谱波段 400~1000 nm，冷藏不同天数的平均光谱值呈现不同的变化幅度，这与文献中研究的三文鱼的光谱变化规律相一致[25-27]。另外，可以很明显观察到在整个光谱范围内一些波峰和波谷的分布情况，这主要是由于有机分子如水分、蛋白质、脂肪和其他有机成分中的化学键如 O—H、C—H、C—O、N—H 和 S—H 等的倍频以及组合频的振动引起的。在可见光区域（400~780 nm），在 500 nm 处呈现一个很重要的吸收峰，这可能与鱼片肌肉中的类胡萝卜素吸收有关系[28]。另外一个显著的吸收峰出现在 550 nm 附近，很少有文献报道该波长处

的吸收。在其他文献报道中，研究者认为，这个特定的吸收波长与鳕鱼片中的亚铁血红素的含量变化有关系[29]，也或许与大比目鱼中的血红蛋白与肌红蛋白的吸收有关[30]。这可以说明不同的鱼种会显示出它们特有的吸收波段。在短波近红外区域（780~1000 nm），有一个显著的吸收波长位于 760 nm 附近，这主要与水分子中 O—H 键拉伸三阶倍频振动有关[31]。

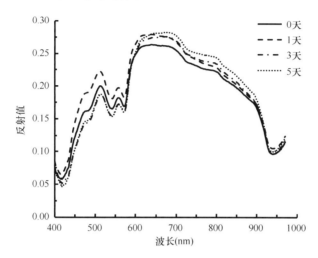

图 5-9　草鱼片冷藏过程平均光谱值特性变化

Figure 5-9　Average spectral reflectance value of grass carp fish fillet during cold storage

基于全波长分析，表 5-20 阐述了采用 PLSR 和 LS-SVM 两种算法所建立的模型性能统计分析。很明显，除了在预测色泽参数 $b*$ 时出现了较差的预测能力，其他两个参数 $L*$ 和 $a*$ 都可以较好地采用高光谱成像系统进行预测和测定，尤其是在预测 $L*$ 值时，效果更好，数据更为理想。具体而言，当采用 PLSR 进行模型分析时，预测 $L*$ 的决定系数（R^2_C、R^2_{CV}、R^2_P）分别为 0.912、0.907、0.906，相应的均方根误差（RMSEC、RMSECV、RMSEP）分别为 2.347、2.445、2.459，以及它们之间存在一个较小的偏差分别为 0.098、0.112、0.014。同样地，预测色泽参数 $a*$ 的 PLSR 分析模型也得到了不错的表现力，其 $R^2_P = 0.887$，RMSEP = 2.232。然而，采用同样的算法预测色泽参数 $b*$ 值就没有得到理想的预测性能（$R^2_P = 0.702$），这可能主要是因为在建立 PLSR 分析模型时，$b*$ 值的预测区间过于狭小，不能够完全满足建立稳健可靠模型的测量值范围。因此，这可以证实所得到的 PLSR 模型是可以用于预测色泽参数的 $L*$ 和 $a*$。ElMasry 等在研究牛肉色泽参数时，采用 PLSR 分析模型也得到了相同的预测性能，并证实高光谱成像技术可以有效地预测牛肉色泽的 $L*$ 值（$R^2_C = 0.890$、RMSEC = 2.110）[33]。Kamruzzaman 等采用近红外高光谱成像系统结合 PLSR 模型也成功预测了羊肉的色泽 $L*$ 值

（$R^2_C = 0.920$、$R^2_{CV} = 0.910$、RMSEC = 1.220、RMSECV = 1.320）[34]。这些研究说明，采用高光谱成像技术结合化学计量学方法可以成功测量肉品的色泽参数变化。另外，在建立 PLSR 分析模型时，潜在变量的数目分别为 7、6、6，这表明在采用 PLSR 算法建立模型预测色泽参数值时，利用潜在变量信息也可以达到同样的预测效力和稳健性。另外一方面，LS-SVM 分析模型表现出更好的预测性能和稳健特性。在预测 L^* 值方面，其相关的决定系数与 PLSR 模型相比分别提高了0.021、0.013、0.010。同样地，在预测 a^* 值方面，预测性能也有不同程度的提高。综上分析，可以推断出采用可见/近红外高光谱成像技术（400~1000 nm）预测草鱼片的色泽参数（L^* 和 a^*）是合适的和可靠的。然而，Wu 等利用近红外高光谱成像技术（897~1753 nm）结合化学计量学方法也证实了该技术可以用来预测三文鱼片的色泽变化[35]。二者采用的光谱波段范围不同，主要是因为二者研究的对象不一样，通常来讲，草鱼肉是白肉，三文鱼肉是红肉，肌肉的成分也不尽相同，二者对色泽的反射阈值不一样，会产生不同波段的吸收和反射，进而需要选择不同的波段范围进行分析。

表 5-20 利用全波段预测草鱼片色泽参数的统计分析结果

Table 5-20 Statistical results of color values of grass carp fillet using full spectral range

模型	色泽参数	变量数目	潜在变量	校正集		交互验证集		预测集	
				R^2_C	RMSEC	R^2_{CV}	RMSECV	R^2_P	RMSEP
PLSR	L^*	381	7	0.912	2.347	0.907	2.445	0.906	2.459
PLSR	a^*	381	6	0.896	1.987	0.892	2.085	0.887	2.232
PLSR	b^*	381	6	0.713	1.452	0.711	1.564	0.702	1.742
LS-SVM	L^*	381	—	0.933	2.785	0.920	2.836	0.916	2.876
LS-SVM	a^*	381	—	0.908	2.149	0.906	2.201	0.905	2.253
LS-SVM	b^*	381	—	0.749	1.654	0.736	1.786	0.722	1.867

基于特征波长分析，在本研究中，采用 SPA 选择最重要的波长也就是最能够反映草鱼片色泽参数变化的特征波长来建立新的预测模型。与利用全波长范围建模方法一样，优化后依托 PLSR 和 LS-SVM 算法建立的新模型，定义为 SPA-PLSR 和 SPA-LS-SVM 模型，被用来预测鱼片的色泽值。表 5-21 阐明了利用所选择的特征波长建立的预测模型性能统计分析情况。从表 5-21 可以看出，根据评价指标数值显示，SPA-LS-SVM 模型依然比 SPA-PLSR 模型表现得好。因此，接下来的分析主要依赖于模型 LS-SVM 展开分析。基于 SPA 进行特征波长筛选，分别得到了7 个、5 个和 7 个最优波长来分别预测色泽的 3 个参数 L^*、a^* 和 b^*，它们依次是466 nm、525 nm、590 nm、620 nm、715 nm、850 nm 和 955 nm；465 nm、585 nm、

660 nm、720 nm 和 950 nm；465 nm、510 nm、585 nm、615 nm、740 nm、860 nm
和 950 nm。对于所筛选出的关键波长，它们几乎覆盖了整个波长范围，展示了它
们携带最小冗余和最敏感信息的优势（7 vs. 381、5 vs. 381 和 7 vs. 381）。对于预
测性能分析而言，SPA-LS-SVM 模型表现出具有较大的优势，预测参数 $L*$值的
R^2_C、R^2_{CV} 和 R^2_P 的值分别为 0.921、0.918、0.912 以及相应的均方根误差的偏差值
分别为 0.036、0.248、0.212。另外，也证实了采用可见/近红外高光谱成像技术可
以测定和预测色泽参数 $a*$值（$R^2_C = 0.901$、$R^2_{CV} = 0.896$、$R^2_P = 0.891$）。ElMasry
等采用近红外高光谱成像技术结合 PLSR 回归系数法筛选出 6 个特征波长
（947 nm、1078 nm、1151 nm、1215 nm、1376 nm 和 1645 nm）预测了牛肉的色
泽参数 $L*$值，取得了不错的预测效果，$R^2_C = 0.880$，$R^2_{CV} = 0.880$，RMSEC = 1.220，
RMSECV = 1.240[33]，但是预测精度和可靠度没有本研究中的高。另外也发现，在
利用最优波长预测参数 $b*$值时，预测模型仍然表现出较差的性能，其相关的决定
系数值分别为 $R^2_C = 0.750$，$R^2_{CV} = 0.739$，$R^2_P = 0.731$。从表 5-21 数据可以发现，
利用最优波长建立的 SPA-LS-SVM 分析模型的预测性能要优于原来采用全波长建
立的预测模型，主要表现在预测决定系数值 R^2_P（$L*$: 0.912 vs 0.916；$a*$: 0.891 vs
0.905）。因此，与原有模型相比，我们可以推断出，采用 SPA 筛选出的特征波
长建立的新的模型可以展现出等价的或者更优的预测效力和精度。另外，这也证实
所使用的 SPA 是合适的，也是可以胜任用来识别和选择有价值的信息变量的，这
一点也被 Kamruzzaman 等的相关研究所证实[36]。因此，SPA-LS-SVM 被认为是最
优的预测模型，这说明了用最优波长或者特征波长代替全波长预测色泽参数值（$L*$
和 $a*$）和评价草鱼片的品质变化是可以被接受的。

表 5-21　利用特征波长预测草鱼片色泽参数的统计分析结果
Table 5-21　Statistical results of colour values of grass carp fillet using optimal wavelengths

模型类型	色泽参数	变量数目	潜在变量	校正集		交互验证集		预测集	
				R^2_C	RMSEC	R^2_{CV}	RMSECV	R^2_P	RMSEP
SPA-PLSR	$L*$	8	5	0.907	2.549	0.903	2.565	0.901	2.663
SPA-PLSR	$a*$	6	3	0.891	2.123	0.890	2.256	0.883	2.274
SPA-PLSR	$b*$	6	3	0.711	1.563	0.707	1.734	0.698	1.921
SPA-LS-SVM	$L*$	7	—	0.921	2.633	0.918	2.669	0.912	2.881
SPA-LS-SVM	$a*$	5	—	0.901	2.212	0.896	2.234	0.891	2.266
SPA-LS-SVM	$b*$	7	—	0.750	1.649	0.739	1.784	0.731	1.893

5.6　鱼肉硬度特性高光谱成像检测

5.6.1　鱼肉硬度参数传统测定

在草鱼片的硬度指标测定中，鱼片做如下处理：在−20℃冷冻 24 h，然后冷冻后的样品在 4℃条件下解冻 5 天，没有经过冷冻—解冻的样品被认为是新鲜的样品，定义为组 1（0 天），剩余的样品分别解冻 1 天、2 天、3 天、4 天、5 天，形成冷冻—解冻循环，分成 5 组，共计 6 组，每天随机抽取一组 25 个样品进行高光谱扫描。之后采用万能材料试验机（Instron universal testing machine，Model 5944，Instron，MA，USA），最大载荷重量 50 kg。图 5-10 展示了鱼片硬度测量选点的分布情况。沿着草鱼片的中心线（central line）对称地选择 6 个点分别为 A_1 和 A_2、B_1 和 B_2、C_1 和 C_2。每个点测量 3 次，然后取平均值依次记录为对应的 A、B 和 C 3 点。测量过程中，万能材料试验机的相关参数分别设置为，平底圆柱形探头，直径为 12.5 mm，下降速度为 2 mm/s，压缩程度为 40%。这样，最后一共得到 450 个测量点的硬度值（150 个样品×3 个点/每个样品），可以最大限度地覆盖从新鲜到不同冷冻—解冻样品的硬度变化情况。选取 S_1、S_2、S_3 作为对应区域的感兴趣区域。其中，300 个测量点用来建立校正集，剩余的 150 个测量点用来建立预测集。表 5-22 列举了利用万能材料试验机测量的草鱼片硬度值的相关统计信息。

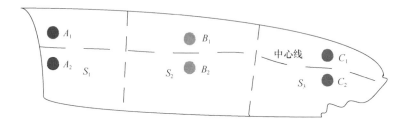

图 5-10　采用万能材料试验机测量鱼片硬度测量点分布图

Figure 5-10　Measurement points of firmness by the Instron universal testing instrument

表 5-22　采用仪器分析法测量鱼片硬度值（N）统计信息

Table 5-22　Firmness values（N）of fish fillet measured by the instrument analysis

统计值	最大值	最小值	平均值	标准偏差	范围
校正集	22.136	2.243	11.023	6.027	19.893
预测集	21.258	3.045	10.984	5.967	18.213

5.6.2　鱼肉硬度参数预测

图 5-11 阐明了不同冷冻—解冻循环的草鱼片硬度变化与光谱值之间的关系。很明显，不同的硬度值范围，呈现不同的光谱信息变化，这种变化与冷冻—解冻条件以及储藏时间和温度有关系[30,37]。尽管冷冻储藏可以抑制鱼肉和鱼制品的微生物腐败和酶活，然而，蛋白质仍然进行着一系列的变化逐渐改变鱼片肌肉的结构和功能特性，引起蛋白质溶解性的降低和疏水特性的增加以及以非共价键结合的聚合物的形成，进而引起鱼片硬度的变化和分子键的振动[37]。另外，在冷冻储藏过程中，与新鲜样品相比，冰晶的形成以及脂肪氧化都可能影响光谱反射的变化，导致较低的光谱吸收值[30,32]。其次，冷冻过程产生的冰晶能够引起鱼肉中水分的再分布，有可能损坏结缔组织和质构崩塌[38-40]。

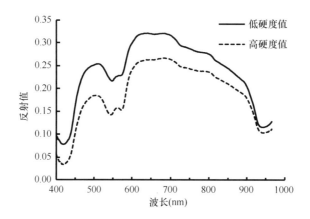

图 5-11　草鱼片冷藏过程平均光谱值特性变化

Figure 5-11　Average spectral reflectance value of grass carp fish fillet during cold storage

基于全波长分析，表 5-23 阐述了采用 PLSR 和 LS-SVM 两种算法建立的模型预测草鱼片的硬度值的统计分析信息。从表 5-23 可以看出，在 R^2_C、R^2_{CV}、R^2_P 值上，LS-SVM 模型都比 PLSR 模型表现得优秀，且均方根误差值都较小，这表明，与 PLSR 模型（$R^2_C = 0.823$、$R^2_{CV} = 0.811$、$R^2_P = 0.770$、RMSEC = 3.285 N、RMSECV = 3.226 N、RMSEP = 3.393 N）相比，LS-SVM 模型的决定系数分别提高了 0.053、0.057、0.075，对应的均方根误差分别降低了 0.320 N、0.881 N、0.381 N。较小的误差值和较大的决定系数值可以有效地提高模型的可靠性和接受度。

然而，这两种模型的预测精确度相对较低，不适合将来的工业化在线检测应用（PLSR：$R^2_P = 0.770$；LS-SVM：$R^2_P = 0.845$）。借助于同样的成像系统，Wu 等采用高光谱成像技术和 PLSR 分析模型预测了三文鱼片储藏过程中硬度值的变化。研究表明，采用可见/近红外波段范围（400～1000 nm）建立的 PLSR

表 5-23　利用全波段预测草鱼片硬度（N）的统计分析结果

Table 5-23　Statistical results of firmness values（N）of grass carp fillet using full spectral range

模型	变量数目	潜在变量	校正集		交互验证集		预测集	
			R^2_C	RMSEC	R^2_{CV}	RMSECV	R^2_P	RMSEP
PLSR	381	8	0.823	3.285	0.811	3.226	0.770	3.393
LS-SVM	381	—	0.876	2.965	0.868	2.345	0.845	3.012
MSC-PLSR	381	8	0.911	2.158	0.908	2.162	0.899	2.193
MSC-LS-SVM	381	—	0.934	1.465	0.930	1.345	0.932	1.351

模型的评价指标分别为 $R_C = 0.734$，$R_{CV} = 0.665$，RMSEC $= 3.689$ N，RMSECV $=$ 4.091 N，采用近红外波段范围（969～1634 nm）建立的模型评价指标分别为 $R_C =$ 0.742，$R_{CV} = 0.526$，RMSEC $= 3.640$ N，RMSECV $= 4.659$ N[25]。由此可以明显看出，该研究采用的两种光谱波段建立的 PLSR 模型的预测性能都比较差，很难进行后续的在线检测技术的升级发展。为了提高预测能力和降低因散射引起的样品变量之间的多变性，多元散射校正（MSC）作为一种常用的光谱预处理技术，常用来消除不良的散射噪声影响[41]。从表 5-23 可以看出，MSC 预处理方法的应用对提升模型预测性能是有帮助的（PLSR，R^2_P: 0.899 vs. 0.770；LS-SVM，R^2_P: 0.932 vs. 0.845）。另外，经 MSC 处理之后建立的 PLSR 和 LS-SVM 模型又称为 MSC-PLSR 和 MSC-LS-SVM 模型，都表现出令人满意的预测能力。具体而言，MSC-PLSR 模型的预测性能指标表现为 $R^2_C = 0.911$，$R^2_{CV} = 0.908$，$R^2_P = 0.899$，RMSEC $= 2.158$ N，RMSECV $= 2.162$ N，RMSEP $= 2.193$ N。MSC-LS-SVM 模型表现出较优的性能特征，决定系数分别增加了 0.023、0.022、0.033，均方根误差分别减少了 0.693 N、0.817 N、0.842 N。根据所得到的统计分析数值，可以认为在全波长分析条件下，与 PLSR 模型相比，MSC-LS-SVM 模型表现出较突出的模型稳定性和可靠性（图 5-12），可以有效地预测草鱼肉的硬度特性。在另一项研究中，Wu 等采用高光谱成像系统测定了脱水对虾的水分变化[42]，也证实了 LS-SVM 在模型建立与分析方面比 PLSR 具有优势和显著性。

基于全波段研究分析，利用 LS-SVM 建立的模型在预测草鱼片硬度上表现出良好的性能。为了缩短光谱图像数据处理的时间和降低光谱数据之间的冗余性，需要探寻和定位最好的一组光谱信息来预测和评价冷冻储藏过程草鱼片品质变化。本研究选择 3 种常用的变量筛选技术［回归系数法（RC）、遗传算法（GA）和连续投影算法（SPA）］来识别和挑选重要的信息变量预测草鱼片的硬度变化。表 5-24 列举了采用 3 种方法筛选出的特征波长情况。从表 5-24 可以看出，采用传统的 RC 方法得到的 9 个关键波长分别为 450 nm、520 nm、550 nm、590 nm、616 nm、720 nm、850 nm、955 nm 和 980 nm。采用 GA 方法得到的 7 个关键波长

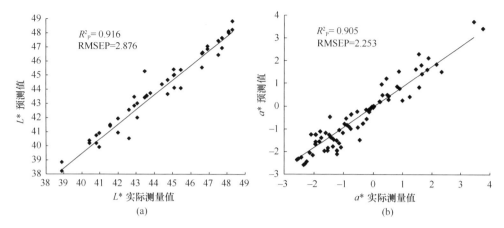

图 5-12　采用 LS-SVM 模型预测色泽参数 $L*$（a）和 $a*$（b）的预测效果图

Figure 5-12　Predicted and measured colour values of $L*$（a）and $a*$（b）by LS-SVM models

分别是 450 nm、530 nm、550 nm、616 nm、720 nm、855 nm 和 980 nm。采用常用的 SPA 方法得到的 6 个特征波长分别为 550 nm、616 nm、760 nm、850 nm、955 nm 和 980 nm。

表 5-24　采用不用变量选择算法筛选的关键波长

Table 5-24　Key wavelengths selected by different variable selection algorithms

算法	变量数目（个）	筛选的关键波长（nm）
RC	9	450、520、550、590、616、720、850、955、980
GA	7	450、530、550、616、720、855、980
SPA	6	550、616、760、850、955、980

　　基于这些所获得的关键波长，优化后的预测模型依次命名为 RC-PLSR、RC-LS-SVM、GA-PLSR、GA-LS-SVM、SPA-PLSR 和 SPA-LS-SVM。表 5-25 显示了采用优化后的模型预测草鱼片硬度值的统计分析情况。RC-PLSR 和 RC-LS-SVM 两个模型都表现出不错的预测性能和精确度，其 R^2_P 分别为 0.874 和 0.916 以及对应的 RMSEP 分别为 2.261 N 和 2.254 N。在另一项研究中，Wu 等采用 RC 方法筛选出 10 个特征波长（405 nm、410 nm、460 nm、515 nm、560 nm、580 nm、615 nm、920 nm、955 nm 和 990 nm）来优化建模过程和提高冷藏过程中三文鱼片的硬度值的预测精度，然而建立的 PLSR 分析模型的性能表现较差，评价指标 $R_C = 0.734$，$R_{CV} = 0.665$，RMSEC = 3.689 N，RMSECV = 4.091 N[25]。另外，ElMasry 等采用近红外高光谱成像技术结合 PLSR 回归系数法筛选出 15 个特征波长来预测牛肉的嫩度值，取得了不错的预测效果，$R^2_C = 0.840$，$R^2_{CV} = 0.770$，RMSEC = 39.640，RMSECV = 47.450[33]。基于以上研究分析，采用同一种变量选

择算法来优化建模过程预测相同或者相似的指标参数值，针对的研究对象不同，建模效果差异较大。因此，分析不同的变量筛选方法，显得较为重要。从表 5-25 可以看出，虽然 GA-PLSR、GA-LS-SVM、SPA-PLSR 和 SPA-LS-SVM 4 个模型采用的变量数目少，但是其预测精度和可靠性要比前两个模型表现得好。以 PLSR 模型为例，与 RC-PLSR 和 SPA-PLSR 模型相比，GA-PLSR 模型表现出最好的预测性能（R^2_P = 0.925，RMSEP = 1.484 N）。同样地，对于 LS-SVM 模型而言，GA-LS-SVM 也被认为是最好的预测模型，其 R^2_P = 0.941，RMSEP = 1.229 N。

表 5-25 利用特征波长建立的模型预测草鱼片硬度（N）的统计分析结果

Table 5-25 Results of firmness values（N）of grass carp fillet using optimal wavelengths

模型	变量数目	校正集		交互验证集		预测集	
		R^2_C	RMSEC	R^2_{CV}	RMSECV	R^2_P	RMSEP
RC-PLSR	9	0.883	2.268	0.880	2.255	0.874	2.261
RC-LS-SVM	9	0.924	2.246	0.921	2.249	0.916	2. 254
GA-PLSR	7	0.937	1.358	0.933	1.427	0.925	1.484
GA-LS-SVM	7	0.951	1.012	0.948	1.123	0.941	1.229
SPA-PLSR	6	0.929	1.383	0.925	1.482	0.916	1.536
SPA-LS-SVM	6	0.947	1.323	0.942	1.334	0.938	1.358

从整个角度来看，以 PLSR 为基础建立的模型在预测冷冻草鱼片硬度值上要逊色于 LS-SVM 算法建立的模型。另外，尽管采用 GA 选择的变量比 SPA 多 1 个变量，但是采用 GA 发展起来的新的模型性能是最优的，因此，在本节中，GA 被认为是最好的变量选择方法，同时筛选出来的 7 个波长也被认为是最为有效的关键波长。同时还可以发现，优化后的模型性能不仅可以与原来的模型性能相媲美，而且可以节约大量的处理时间（7 vs. 381）。综上分析，利用 GA 算法挑选出的 7 个关键波长结合 LS-SVM 算法能够代替全波段来预测鱼片的硬度变化，以此来评价和控制冷冻储藏鱼片的品质。

另外一方面，基于 GA 筛选出的 7 个特征波长以及 LS-SVM 的应用，我们建立了测定和评价冷冻过程草鱼片硬度变化的定量分析方程。考虑到当前的波长变量数量远远小于样品的数量，为了简化模型应用的复杂性，选择简单易操作的多元线性回归算法（MLR）来完成建模任务。最后得到的预测草鱼片硬度变化的公式为

$$Y_{硬度} = -59.9 - 244.6X_{450\,nm} + 656.9X_{530\,nm} - 519.1X_{550\,nm} + 951.3X_{616\,nm}$$
$$-1547.9X_{720\,nm} - 884.5X_{955\,nm} + 116X_{980\,nm} \tag{5-3}$$

式中，$X_{i\,nm}$ 表示在 i nm 波长下的反射值；$Y_{硬度}$ 表示预测的硬度值。利用公式（5-3）可以计算出未知冷冻草鱼片样品的硬度值。表 5-25 显示了采用该方程的预测结果，

其 $R^2_p = 0.941$，RMSEP $= 1.229$ N。

主要参考文献

[1] 程志斌, 葛长荣, 李德发. 浅谈猪肉的营养价值[J]. 肉类工业, 2005, 5: 34-40.

[2] Mortensen M, Andersen H J, Engelsen S B, et al. Effect of freezing temperature, thawing and cooking rate on water distribution in two pork qualities [J]. Meat Science, 2006, 72(1): 34-42.

[3] Muela E, Sanudo C, Campo M M, et al. Effect of freezing method and frozen storage duration on lamb sensory quality [J]. Meat Science, 2012, 90(1): 209-215.

[4] Hansen E, Trinderup R A, Hviid M, et al. Thaw drip loss and protein characterization of drip from air-frozen, cryogen-frozen, and pressure-shift-frozen pork longissimus dorsi in relation to ice crystal size [J]. European Food Research and Technology, 2003, 218(1): 2-6.

[5] Oehlenschlager J, Mierke-Klemeyer S. Changes of thaw-drip loss and cooking loss of Baltic cod (*Gadus morhua*) during long term storage under different frozen conditions [J]. Deutsche Lebensmittel-Rundschau, 2003, 99(11): 435-438.

[6] Huang L, Xiong Y L L, Kong B H, et al. Influence of storage temperature and duration on lipid and protein oxidation and flavour changes in frozen pork dumpling filler [J]. Meat Science, 2013, 95(2): 295-301.

[7] Gambuteanu C, Patrascu L, Alexe P. Effect of freezing-thawing process on some quality aspects of pork *Longissimus dorsi* muscle [J]. Romanian Biotechnological Letters, 2014, 19(1): 8916-8924.

[8] Zhuang H, Savage E M. Comparison of cook loss, shear force, and sensory descriptive profiles of boneless skinless white meat cooked from a frozen or thawed state [J]. Poultry Science, 2013, 92(11): 3003-3009.

[9] Honikel K O. Reference methods for the assessment of physical characteristics of meat [J]. Meat Science, 1998, 49(4): 447-457.

[10] Huang H, Liu L, Ngadi M O, et al. Rapid and non-invasive quantification of intramuscular fat content of intact pork cuts [J]. Talanta, 2014, 119: 385-395.

[11] Kamruzzaman M, ElMasry G, Sun D-W, et al. Application of NIR hyperspectral imaging for discrimination of lamb muscles [J]. Journal of Food Engineering, 2011, 104(3): 332-340.

[12] Büning-Pfaue H. Analysis of water in food by near infrared spectroscopy [J]. Food Chemistry, 2003, 82(1): 107-115.

[13] Leygonie C, Britz T J, Hoffman L C. Impact of freezing and thawing on the quality of meat: Review [J]. Meat Science, 2012, 91(2): 93-98.

[14] Ngapo T M, Babare I H, Reynolds J, et al. Freezing and thawing rate effects on drip loss from samples of pork [J]. Meat Science, 1999, 53(3): 149-158.

[15] Ngapo T M, Babare I H, Reynolds J, et al. Freezing rate and frozen storage effects on the ultrastructure of samples of pork [J]. Meat Science, 1999, 53(3): 159-168.

[16] Holmer S F, McKeith R O, Boler D D, et al. The effect of pH on shelf-life of pork during aging and simulated retail display [J]. Meat Science, 2009, 82(1): 86-93.

[17] Roper T, Andrews M. Shadow modelling and correction techniques in hyperspectral imaging [J]. Electronics Letters, 2013, 49(7): 458-459.

[18] Liu X M, Liu J S. Measurement of soil properties using visible and short wave-near infrared spectroscopy and multivariate calibration [J]. Measurement, 2013, 46(10): 3808-3814.

[19] Chan D E, Walker P N, Mills E W. Prediction of pork quality characteristics using visible and

near-infrared spectroscopy [J]. Transactions of the ASAE, 2002, 45(5): 1519-1527.

[20] Geesink G H, Schreutelkamp F H, Frankhuizen R, et al. Prediction of pork quality attributes from near infrared reflectance spectra [J]. Meat Science, 2003, 65(1): 661-668.

[21] 陈全胜, 张燕华, 万新民, 等. 基于高光谱成像技术的猪肉嫩度检测研究[J]. 光学学报, 2010, 9: 2602-2607.

[22] NY/T 1180—2006. 肉嫩度的测定 剪切力测定法[S]. 中华人民共和国农业部, 2006.

[23] Tan R C, Zhao S M, Xiong S B. Effect of content of major compounds on texture quality of cured fish [J]. Modern Food Science and Technology, 2006, 3: 157-201.

[24] Wu D, He Y, Feng S. Short-wave near-infrared spectroscopy analysis of major compounds in milk powder and wavelength assignment[J]. Analytica Chimica Acta, 2008, 610(2): 232-242.

[25] Wu D, Sun D-W, He Y. Novel non-invasive distribution measurement of texture profile analysis (TPA) in salmon fillet by using visible and near infrared hyperspectral imaging[J]. Food Chemistry, 2014, 145: 417-426.

[26] He H J, Wu D, Sun D-W. Non-destructive and rapid analysis of moisture distribution in farmed Atlantic salmon (*Salmo salar*) fillets using visible and near-infrared hyperspectral imaging [J]. Innovative Food Science & Emerging Technologies, 2013, 18: 237-245.

[27] Wu D, Sun D-W. Potential of time series-hyperspectral imaging (TS-HSI) for non-invasive determination of microbial spoilage of salmon flesh [J]. Talanta, 2013, 111: 39-46.

[28] Kimiya T, Sivertsen A H, Heia K. VIS/NIR spectroscopy for non-destructive freshness assessment of Atlantic salmon (*Salmo salar* L.) fillets [J]. Journal of Food Engineering, 2013, 116(3): 758-764.

[29] Sivertsen A H, Heia K, Hindberg K, et al. Automatic nematode detection in cod fillets (*Gadus morhua* L.) by hyperspectral imaging [J]. Journal of Food Engineering, 2012, 111(4): 675-681.

[30] Zhu F, Zhang D, He Y, et al. Application of visible and near infrared hyperspectral imaging to differentiate between fresh and frozen-thawed fish fillets [J]. Food and Bioprocess Technology, 2012, 6(10): 2931-2937.

[31] Ivorra E, Girón J, Sánchez A J, et al. Detection of expired vacuum-packed smoked salmon based on PLS-DA method using hyperspectral images [J]. Journal of Food Engineering, 2013, 117(3): 342-349.

[32] Sánchez-Alonso I, Carmona P, Careche M. Vibrational spectroscopic analysis of hake (*Merluccius merluccius* L.) lipids during frozen storage [J]. Food Chemistry, 2012, 132(1): 160-167.

[33] ElMasry G, Sun D-W, Allen P. Near-infrared hyperspectral imaging for predicting colour, pH and tenderness of fresh beef [J]. Journal of Food Engineering, 2012, 110(1): 127-140.

[34] Kamruzzaman M, Elmasry G, Sun D-W, et al. Prediction of some quality attributes of lamb meat using near-infrared hyperspectral imaging and multivariate analysis [J]. Analytica Chimica Acta, 2012, 714: 57-67.

[35] Wu D, Sun D-W, He Y. Application of long-wave near infrared hyperspectral imaging for measurement of colour distribution in salmon fillet [J]. Innovative Food Science & Emerging Technologies, 2012, 16: 361-372.

[36] Kamruzzaman M, Elmasry G, Sun D-W, et al. Non-destructive assessment of instrumental and sensory tenderness of lamb meat using NIR hyperspectral imaging [J]. Food Chemistry, 2013, 141(1): 389-396.

[37] Badii F, Howell N K. Changes in the texture and structure of cod and haddock fillets during frozen storage [J]. Food Hydrocolloids, 2002, 16(4): 313-319.

[38]　Benjakul S, Visessanguan W, Thongkaew C, et al. Comparative study on physicochemical changes of muscle proteins from some tropical fish during frozen storage [J]. Food Research International, 2003, 36(8): 787-795.

[39]　Kiani H, Sun D-W. Water crystallization and its importance to freezing of foods: A review [J]. Trends in Food Science & Technology, 2011, 22(8): 407-426.

[40]　Zheng L, Sun D-W. Innovative applications of power ultrasound during food freezing processes—a review [J]. Trends in Food Science & Technology, 2006, 17(1): 16-23.

[41]　Rinnan Å, Berg F V D, Engelsen S B. Review of the most common pre-processing techniques for near-infrared spectra [J]. TrAC Trends in Analytical Chemistry, 2009, 28(10): 1201-1222.

[42]　Wu D, Shi H, Wang S, et al. Rapid prediction of moisture content of dehydrated prawns using online hyperspectral imaging system [J]. Analytica Chimica Acta, 2012, 726: 57-66.

第6章 肉品化学特性高光谱成像检测

6.1 猪肉化学腐败高光谱成像检测

6.1.1 引言

　　冻藏时间是肉质劣变的最基础因素，但长时间的冻藏中温度波动及反复冻融不可避免。冷冻技术对产品的影响，一方面冷冻可以极大地延长产品货架期，然而另一方面，冻结状态也对产品本身的品质产生了掩盖作用，冷冻肉的品质鉴别比鲜肉更加困难。"僵尸肉"是指冻藏多年后销往市场的冻肉，2015年7月起关于"僵尸肉"事件的报道沸沸扬扬。"僵尸肉"是否在市场大量存在和流通，各方消息扑朔迷离没有定论。但可以确定的是，我国政府必须要进一步加强冷冻肉品的检测和监管。挥发性盐基氮（TVB-N）主要是基于肌肉微生物活动及内源酶的相互作用而导致肌肉蛋白质腐败降解，所产生的氨气与一系列胺类等碱性含氮化合物之和。肉品在腐败过程中，蛋白质分解而产生氨以及胺类等碱性含氮物质，一般含有氨、伯胺、仲胺等[1]。此类物质具有挥发性，可以在碱性溶液中被蒸馏出来，然后用标准酸滴定来计算含量。挥发性盐基氮是衡量肉品腐败程度和蛋白质破坏程度的重要指标，TVB-N值越高，说明氨基酸被破坏越严重，特别是甲硫氨酸和酪氨酸，因此肉品的营养价值和食用安全会大受影响。另外，脂质过氧化物非常不稳定，可裂解产生小分子醛、酮、酸等许多分解产物，油脂酸败产生不愉快的哈喇味。脂质氧化产生氢过氧化物及其降解产物会与蛋白质发生反应，降低蛋白质溶解度和营养价值。脂质过氧化物甚至可与人体内所有分子或细胞发生反应，如破坏核酸碱基，产生遗传突变增加细胞癌变概率；破坏细胞结构导致细胞死亡，等等。此外，脂质氧化还会诱发多种人体慢性病，脂类物质被氧化后，容易滞留在血管壁，引起动脉粥样硬化。因此脂质氧化给食用者的身体健康带来非常大的危害。硫代巴比妥酸值（thiobarbituric acid reactive substance，TBARS）可以用来较为恰当地反映肉品化学腐败过程中脂肪氧化程度及肌肉新鲜度的变化[2]。TBARS值是指不饱和脂肪酸经过氧化得到的降解产物丙二醛（methane dicarboxylic aldehyde，MAD）与TBA反应生成了稳定的红色化合物。TBARS值越大，表明脂肪氧化程度越高，新鲜度越低。测定TBARS值常用的方法主要涉及分光光度法、水蒸气蒸馏法、酸抽提法、荧光法等[3-5]。测定蛋白质降解和脂肪氧化显得尤为重要。本节重点阐述采用高光谱成像技术快速无损测定 TVB-N 值和 TBARS 值来表征蛋白质降解和脂肪氧化的程度。

6.1.2　猪肉图像纹理提取

以冷冻肉的可见光图片为基础，分离 R、G、B 三图层（700 nm、510 nm、440 nm）转换为灰度图像后，采用灰度共生矩阵，并计算 45°的二次统计变量方法提取图像纹理特征，包含 ASM 能量（angular second moment）、对比度（contrast）、逆差矩（inverse different moment）、熵（entropy）和自相关（correlation）等特征量数据。

6.1.3　模型建立

100 个猪肉样品，其中，66 个用于校对集，34 个用于验证集。全波段的光谱模型采用 PLSR 方法建模，基于少数的特征波长则采用多元线性回归（MLR）、主成分回归（PCR）、LS-SVM 偏最小二乘支持向量机和 BP 神经网络算法（BPNN）4 种方法进行建模。

6.1.4　化学腐败指标测定

TVB-N 值的测定采用蒸馏法进行，具体参照文献[6]的描述方法，略有修改。准确称取 10.00 g 猪肉样品切碎后与 90 mL、0.6 mol/L 的高氯酸混合，在 3000 r/min 条件下离心 10 min，滤液与 50 mL、30%的 NaOH 溶液混合蒸馏 5 min，50 mL 的蒸馏水作为对照。用含有 50 mL、40 g/L 的硼酸溶液的锥形瓶盛装蒸馏液，用 0.1 g 的甲基红和 0.1 g 的溴甲酚绿与 95%的乙醇混合制成混合指示剂，滴加几滴到含有硼酸的蒸馏液中。实验过程中利用凯式定氮仪测定。仪器操作条件设置为，吸收液为 30 mL，自动加蒸馏水为 50 mL，加碱量为 0，模式 delay。在装有样品的消化管瓶中加入 5 g 氧化镁粉末和 3 mL 的消泡剂，连接到蒸馏器上，关上安全门。仪器自动进行蒸馏和吸收操作。然后利用已知浓度的盐酸溶液（0.01 mol/L）进行滴定实验。根据消耗盐酸溶液的体积，按照公式（6-1）进行计算，TVB-N 值可以表达为 mg N/100 g 猪肉。

$$\text{TVB-N} = \frac{(T-B) \times 14.007 \times 100}{M} \tag{6-1}$$

式中，T 为滴定样品所消耗盐酸溶液的体积（mL）；14.007 为盐酸物质的量或当量数；B 为空白实验所消耗盐酸溶液的体积（mL）；M 为样品的质量（g）。

本研究中 TBARS 值的测定采用分光光度法进行，具体参照文献[7]描述的实验步骤，略有改动。准确称取猪肉 5.00 g 切碎置于离心管中，加入 25 mL 质量分数为 20% 的三氯乙酸溶液和 20 mL 蒸馏水，匀浆 60 s，静置 20 min，2000 r/min 离心 10 min，过滤，用蒸馏水定容到 50 mL，取 5 mL 滤液加入 5 mL、0.02 mol/L 硫代巴比妥酸溶液，沸水浴中反应 20 min，取出，流动水冷却后用分光光度计在 532 nm 处测定吸光度（A）和标准曲线，并进行 3 次平行实验。以蒸馏水取代滤液为空白样。其最终计算公式为

$$\text{TBARS 值} = A_{532\,\text{nm}} \times 7.8 \text{ mg/kg} \tag{6-2}$$

6.1.5 冷冻储存过程中猪肉化学变化

冷冻有助于减缓食品中的生化反应，使冷冻食品的保质期获得极大延长，但是这些生化反应并没有完全终止，食物的品质仍在发生变化[8-10]。表 6-1 显示了 TVB-N 值和 TBARS 值在冷藏期间的变化情况。

表 6-1 在冷冻储存中猪肉的品质变化

Table 6-1 Quality changes of pork meat in frozen storage

冻藏时间		0 个月	3 个月	6 个月	9 个月	12 个月
TBARS（mg/kg）	平均值	0.16	0.22	0.37	0.62	0.71
	标准差	0.05	0.06	0.06	0.15	0.21
TVB-N（mg N/100 g）	平均值	10.25	10.98	13.10	15.78	20.27
	标准差	1.18	1.65	1.76	2.71	3.50

肉品中脂肪的氧化会形成自由基、氢过氧化物和游离脂肪酸等物质，以及醇类、醛类、酮类和酸类等脂肪氧化产物强烈改变产品的风味、口感等，影响产品的可接受度并对人体健康构成巨大威胁。脂肪酸氧化降解产物丙二醛可以与 TBA 试剂发生显色反应，生成红色化合物。2-硫代巴比妥酸（TBARS）值可用于反映脂肪氧化次级产物的多少，是公认的表示脂肪氧化程度的重要指标。TBARS 值越高表示脂肪的氧化酸败越严重，一般来说，TBARS 值大于 1 mg/kg 的肉品不可食用。表 6-1 中显示，TBARS 值随着储藏时间的增加而增加，前期增加缓慢，后期增加较明显。TBARS 值增大的原因可归纳为①冻藏期间肉品表面冰晶升华，形成了较多的细微孔洞[11]，增加脂肪与空气的接触机会，致使脂肪发生氧化酸败和羰氨反应，冻肉产生酸败味。②冰晶的反复冻结融化使冰晶大小及分布发生变化，细胞膜及细胞器破裂，一些促氧化成分释放，尤其是血红素铁的释放与脂肪氧化的程度有密切关系[12]。③冷冻—解冻过程也会使一些抑制脂肪氧化的抗氧化酶类发生变性，其活性丧失，进而发生脂肪的氧化[13]。挥发性盐基总氮（TVB-N）是肉样品浸液在弱碱环境中与水蒸气一起蒸馏出的总氮量，主要含氨和胺类物质（三甲胺和二甲胺），可采用 Conway 微量扩散法

或蒸馏法定量。该指标是我国食品重要的卫生标准之一[14]，一般在低温有氧条件下，TVB-N 值超过 15 mg N/100 g 则肉品不新鲜，当达到 25 mg N/100 g 即认为该食物已变质不可食用。本实验中冻肉的 TVB-N 值由 0 个月的 10.25 mg N/100 g 缓慢增加到 6 个月的 13.10 mg N/100 g，12 个月时，冻肉 TVB-N 平均值为20.27 mg N/100 g。TVB-N 值与微生物代谢产物密切相关。微生物的代谢，可引起食品化学组成的变化，并产生多种腐败性产物，因此，直接测定这些腐败产物就可作为判断食品质量的依据。

6.1.6　冷冻储存过程中猪肉光谱和图像的变化

图 6-1 展示了猪肉冷冻储存 12 个月过程中样品平均光谱的变化，其变化有以下几个规律。①冻藏中冻肉光谱曲线与新鲜冻肉大体相同：光谱曲线的形状、峰的个数在冻藏过程中没有发生大的改变，因为冷冻肉成分没有发生质的变化。②冻肉在冻藏中光谱值有总体降低趋势：冷冻过程中温度低则冻产品的光谱反射值高。本节的猪肉在−40℃的冷冻液中冷冻，在−20℃的环境下冻藏。冻肉表面的一部分不可避免发生融化—重新冻结，因而冻肉光谱值降低。并且，冻藏时间越长，发生融—冻的部分就越多，因而光谱值也越低。除了这个物理因素外，冻肉冷藏中脂肪的氧化、蛋白质的变性等也在加重。这些物质变化也会影响样品光谱值。③冷冻储藏对光谱的影响有其独特性：虽然冷藏的延长让光谱值有降低的趋势，但其变化规律与冷冻温度对光谱的影响明显不同。图 6-1 只有 1350 nm 光谱值与冻藏时间呈规则的反比；1000~1100 nm 峰的峰值、峰位置、肩高都有所变化；1890 nm 附近的光谱除 0 个月不同以外，其他月份光谱值几乎一致。因此不同冻藏时期的猪肉数条光谱曲线相互交叉。综上所述，冻藏中冻肉光谱曲线与新鲜冻肉大体相同，总体光谱值会随着储藏时间延长而下降，但不同月份的光谱曲线都有各自的特点。

在冻藏过程中，肉品的图像也在发生变化。如图 6-2 所示，在冻藏初期冻肉表面纹理十分清晰，随着冻藏时间增加，这些冻肉的表面纹理逐渐模糊。这一变化与冻藏中的反复冻融有关，细胞结构被破坏，汁液流出又被冷冻在表面，因此纹理模糊。此外，在冻藏初期冻肉侧面和棱角整齐光滑，冷冻储藏后则变得不整齐。这一现象归因于冻藏期间肉品表面冰晶的升华会形成较多的细微孔洞[14]。另外，近红外图像（由 ENVI 软件默认的 993 nm、1191 nm 和 1394 nm 3 波段组成）与可见光图像显示很大不同，因此近红外和可见光可以从不同角度反映冻肉物质信息。

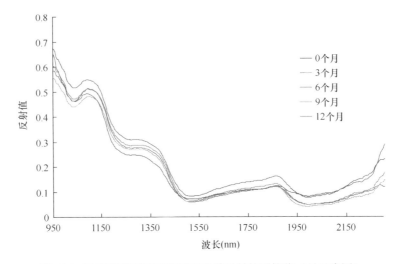

图 6-1　冷冻储藏不同时期猪肉光谱反射的平均值（另见彩图）

Figure 6-1　Average value of spectral reflectance of frozen pork at different frozen periods

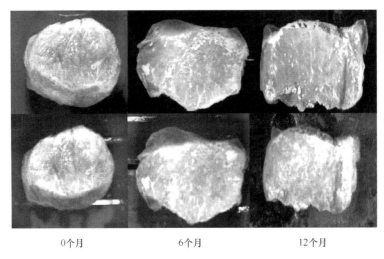

| 0个月 | 6个月 | 12个月 |

图 6-2　不同冻藏期猪肉的可见光及近红外图像（另见彩图）

Figure 6-2　Vis/NIR images of frozen pork at different periods of frozen storage

6.1.7　基于全波段光谱的冻藏肉品质预测模型

采用光谱技术测量冻藏肉的品质指标方便快捷，非接触式的检测方式可以较少地对样品污染且不破坏检测样本，最大限度地保存了冻藏肉的商品价值，符合社会需求和食品检测的发展方向。此外光谱技术很容易在屠宰场、冷库、冷藏车到商户整个冷链中实施产品品质的实时监控。表 6-2 展示了基于全波段光谱（1000～2200 nm 的 220 个波长）用偏最小二乘法所建立的光谱模型对冻藏肉各指标的预测能力表现。光谱技术对 TVB-N 的预测能力最强（R^2_P = 0.873），其次是对 TBARS 值的预测，R^2_P 为 0.803。其原因可能是 TVB-N 在冻藏中变化明显且有规律性，有利于光谱预测。

表 6-2　基于全波段光谱的 PLSR 预测模型的表现

Table 6-2　Performance of PLSR prediction models based on full-band spectra

指标	建模方法	光谱波段数	校对集		验证集	
			R^2_C	RMSEC	R^2_P	RMSEP
TBARS	PLSR	220	0.907	0.072	0.803	0.105
TVB-N	PLSR	220	0.935	1.217	0.873	1.708

6.1.8　基于特征光谱的冻藏肉品质预测模型

图 6-3 和图 6-4 分别采用了 SPA 和 β 系数法选取特征波长，结果显示两种不同的方法选取的波长在很多波段上相近或相同。多次运行 SPA 程序结合 β 系数法，筛选出出现次数最多的特征波长为 968 nm、1121 nm、1210 nm、1319 nm、1414 nm、1478 nm、1579 nm、1757 nm 和 2050 nm 9 个波长。

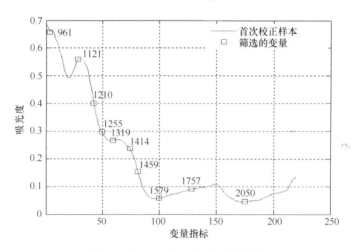

图 6-3　用 SPA 法选取的特征波长

Figure 6-3　The characteristic wavelengths chosen by SPA method

表 6-3 展现了基于特征波长和图像特征所建立的预测模型，结果显示 BPNN 和 SVM 两种非线性算法的预测效果都要优于 MLR 和 PCR 两种线性算法，说明了非线性可以更好地表达光谱与肉品的 TBARS、TVB-N 之间的关联。此外，基于特征波长建模，缩减了训练模型的输入数据量，使运算速度大大加快；同时光谱融合图像特征保证了预测精度。目前，融合图像特征的不足是，无法将其代入

可视化算法，无法对预测目标进行成像。因为图像纹理特征是一个图片的整体特征，无法具体到每个像素点中。

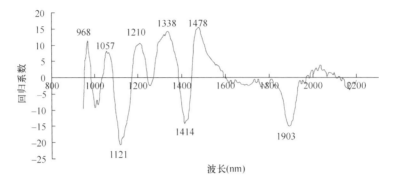

图 6-4 用 β 系数法选取的特征波长

Figure 6-4 The characteristic wavelengths chosen by β coefficient method

表 6-3 基于特征波长和图像特征建立的预测模型

Table 6-3 The prediction models based on image features and characteristic wavelengths

指标	建模方法	校对集		验证集	
		R^2_C	RMSEC	R^2_P	RMSEP
TBARS	MLR	0.669	0.137	0.596	0.151
	PCR	0.691	0.131	0.620	0.146
	BPNN	0.809	0.104	0.724	0.125
	SVM	0.865	0.087	0.786	0.109
TVB-N	MLR	0.826	2.002	0.749	2.403
	PCR	0.819	2.037	0.747	2.411
	BPNN	0.891	1.583	0.832	1.964
	SVM	0.907	1.465	0.851	1.849

6.2 鱼肉 TVB-N 值高光谱成像检测

6.2.1 TVB-N 值传统测定

根据公式（6-1）进行计算。

6.2.2 TVB-N 值高光谱预测

表 6-4 阐述了采用常规方法所测量的 TVB-N 值的变化范围为 7.830～16.480 mg N/100 g。从所获得的数据来看，它们呈现了一个相对合理的变化区间

范围（从新鲜到腐败变质）。TVB-N 主要涉及腐败过程中，鱼类由于酶和细菌的作用，经过氧化脱氨、还原脱氨、水解脱氨以及脱羧基等方式（图 6-5），使蛋白质分解而产生氨（NH_3）以及胺类（$R-NH_2$）等碱性含氮物质，如酪胺、组胺、尸胺、腐胺和色胺等[15]，此类物质呈碱性，并与腐败过程中同时分解产生的有机酸结合，形成盐基态氮（$NH_4^+\cdot R$）而积集在肉品中，具有挥发性，称为总的挥发性盐基氮。淡水鱼中主要是氨，海水鱼中是氨和低级胺类[16]。TVB-N 值作为新鲜度评价指标开展的相关研究很多，资料表明，TVB-N 值的增加和鲜度感官检验结果相一致，因此，被该领域国际学术界所接受[15-17]。鱼肉中所含挥发性盐基氮的量，随着腐败程度的加深而增加，与腐败程度之间有明确的对应关系，同时使其营养价值降低，适口性发生变化，伴随产生有毒物质，对消费者造成危害。因此，TVB-N 含量常常用来作为衡量鱼肉新鲜度的重要指标[16,15-18]。

表 6-4　利用传统方法测量 TVB-N 值、TBARS 值和 *K* 值的校正与预测集参数值

Table 6-4　Determination of TVB-N，TBARS value and *K* value by the traditional methods

统计值	校正集			预测集		
	TVB-N 值（mg N/100 g）	TBARS 值（mg/kg）	*K* 值（%）	TVB-N 值（mg N/100 g）	TBARS 值（mg/kg）	*K* 值（%）
样品数量	80	120	160	40	60	80
最小值	7.830	0.220	20.560	8.020	0.230	23.250
最大值	16.480	1.190	91.240	15.850	1.180	91.130
平均值	12.220	0.650	55.870	11.940	0.680	57.030
标准偏差	5.280	0.290	6.440	5.130	0.290	6.220
范围	8.650	0.970	70.690	7.830	0.950	67.880

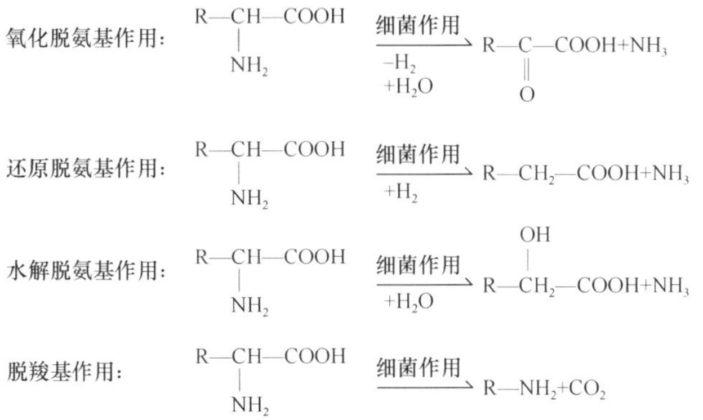

图 6-5　挥发性盐基氮生成的不同路径

Figure 6-5　Different routes for producing the TVB-N

图 6-6 展示了不同 TVB-N 值条件下草鱼片平均光谱变化规律。从图 6-6 可以看出，不同 TVB-N 值对应的平均光谱值的整体趋势是一样的，但是随着 TVB-N 值逐渐增大，光谱反射值的幅度逐渐降低，鱼肉内的有机化合物的吸收

逐渐增大,这主要与蛋白质降解产生的大量氨和胺类物质有关。从有机化合物官能团化学键的振动可以看出,蛋白质分子中的 N—H 键通过脱氨基和脱羧基的方式转化为 C=O 键、C—H 键和 O—H 键。这样的转化过程从分子光谱学的角度来看主要依赖于分子化合键的振动。从图 6-6 可以看出,在 430 nm 处有强烈吸收,这主要归结为 N—H 键的振动引起的。

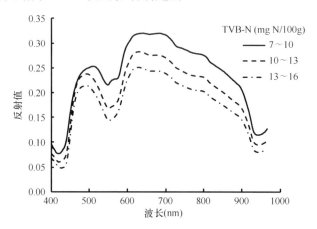

图 6-6 不同 TVB-N 值鱼肉样品的平均光谱特征曲线

Figure 6-6 Average spectral feature of grass carp fillets based on different TVB-N value

基于 TVB-N 值全波长分析,表 6-5 阐明了采用 PLSR 和 LS-SVM 两种算法所建立的校正和预测模型的统计分析情况。从表 6-5 可以看出,PLSR 模型具有较好的校正和预测性能,相关的决定系数分别为 $R^2_C = 0.927$、$R^2_{CV} = 0.913$、$R^2_P = 0.905$,其对应的均方根误差分别为 RMSEC = 2.258 mg N/100 g、RMSECV = 2.634 mg N/100 g、RMSEP = 2.749 mg N/100 g,且它们之间有一个较小的绝对偏差分别为 0.376 mg N/100 g、0.491 mg N/100 g、0.115 mg N/100 g。同样地,He 等采用 PLSR 分析模型预测了冷藏过程中三文鱼肉中水分含量的变化,也得到了良好的预测性能,证实了 PLSR 算法可以用来建立稳健的校正模型辅助高光谱成像系统实现快速无损检测的目的[19]。与 PLSR 模型相比,LS-SVM 模型表现出更好的评价性能和稳健性,决定系数分别增加了 0.007、0.008、0.011,对应的均方根误差分别下降了 0.271 mg N/100 g、0.399 mg N/100 g、0.403 mg N/100 g。因此,根据模型评价的准则,可以断定利用 LS-SVM 算法建立的模型可以呈现出更好的预测性能用来预测草鱼片中的 TVB-N 值。Wu 等也证实了 LS-SVM 模型可以更精确更有效地快速预测对虾在脱水过程中水分的含量变化[20]。更为重要的是,本研究采用的不管是 PLSR 分析模型或者是 LS-SVM 模型(图 6-7),都可以证实在全波长分析条件下,可见/近红外高光谱成像系统(400~1000 nm)结合化学计量学分析具有潜力和能力来快速无损测定鱼肉储藏过程中 TVB-N 值的变化。

表 6-5　TVB-N 值（mg N/100 g）校正与预测模型统计分析

Table 6-5　Statistical analysis of models for prediction of TVB-N value（mg N/100 g）

模型	变量数目	潜在变量	校正集		交互验证集		预测集	
			R^2_C	RMSEC	R^2_{CV}	RMSECV	R^2_P	RMSEP
PLSR	378	8	0.927	2.258	0.913	2.634	0.905	2.749
LS-SVM	378	—	0.934	1.987	0.921	2.235	0.916	2.346
SPA-PLSR	9	6	0.910	2.718	0.899	2.786	0.891	2.807
SPA-LS-SVM	9	—	0.918	2.246	0.912	2.401	0.902	2.782

　　基于 TVB-N 值特征波长分析，在本研究中采用 SPA 挑选出最为重要的、携带最有价值信息的波长代替全波长来预测 TVB-N 值。通过对 SPA 参数的优化分析，共筛选出 9 个关键波长分别为 420 nm、466 nm、523 nm、552 nm、595 nm、615 nm、717 nm、850 nm 和 955 nm 来简化回归模型预测草鱼片冷藏过程中 TVB-N 值的变化。根据所得到的特征关键波长可知，它们几乎覆盖了全部波长范围，并且呈现出它们的最大优势，具有最小冗余性和最强敏感性。同时，它们主要集中在可见光区域内（420 nm、466 nm、523 nm、552 nm、595 nm、615 nm 和 717 nm）。关于对这种现象的解释，相关报道较少，在以后的研究中可借助分子振动光谱学的知识展开分析。从鱼肉本身特性来看，这应该与冷藏腐败过程中挥发性盐基氮的变化而引起的色泽和质构变化有关。

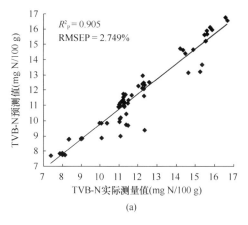
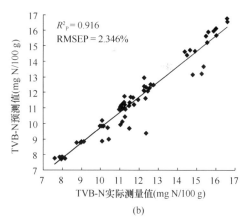

图 6-7　PLSR（a）和 LS-SVM（b）模型 TVB-N 测量值与预测值精度分析

Figure 6-7　Predicted and measured TVB-N values based on PLSR（a）and LS-SVM（b）

　　在近红外区域内，一个很重要的波长位于 955 nm 处，这主要与水分的吸收有很大的关系，归因于水分子中 O—H 键的振动。另一个重要的波长位于 850 nm 处，这主要与鱼肉中有机化合物中的 C—H 键和 N—H 键等的拉伸振动有关[21-23]。与基于全波长建模分析方法类似，PLSR 和 LS-SVM 模型经过 SPA 筛选的最优波长优化后，可以用来建立新的预测分析模型，并定义为 SPA-PLSR 和 SPA-LS-SVM 模型来预测草鱼肉的新鲜度指标的变化。表 6-5 列出了基于特征波长所建立的预测模型的统计分析信息。从表 6-5 可以看出，SPA-PLSR 和 SPA-LS-SVM 两个模型的决定系数值分别为 $R^2_C = 0.910$、0.918；$R^2_{CV} = 0.899$、0.912；$R^2_P = 0.891$、0.902，其相应的均方根误差之间的绝对偏差分别为 0.068 mg N/100 g、0.089 mg N/100 g、0.021 mg N/100 g 和 0.155 mg N/100 g、0.536 mg N/100 g、0.382 mg N/100 g，这个研究结果比 Cai 等采用傅里叶变换近红外光谱与协同间隔 PLSR 算法来预测猪肉中的 TVB-N 值要好得多，其研究分析得到的 $R^2_C = 0.840$、$R^2_P = 0.808$[6]。在另外一项研究中，Huang 等整合近红外光谱仪、计算机视觉和电子鼻的优势结合反向传播人工神经网络（BP-ANN）建立了预测猪肉中 TVB-N 值的分析模型，效果表现不错，其 $R^2_P = 0.953$、RMSEP = 2.73 mg N/100 g[18]。这说明，采用不同的建模算法和结合不同的技术预测 TVB-N 值的准确度和可靠度是不一样的。另外，从研究结果很容易发现，优化后的两种模型的预测性能在评价指标值上几乎可以与全波长建立的原始模型相媲美，差异较小。其次，与 SPA-PLSR 模型相比较，SPA-LS-SVM 模型呈现出较好的精度和稳健性，是由于其具有较高的预测决定系数和较低的均方根误差。因此，基于最优波长建立的 SPA-LS-SVM 模型可以完全代替全波长建立的 LS-SVM 模型快速高效地预测草鱼片中的 TVB-N 值的变化，并且精简了模型的复杂度，可以构建基于特征波长的多光谱成像系统实现鱼肉中 TVB-N 值的实时在线检测与控制。

6.3 虾肉 TVB-N 值高光谱成像检测

6.3.1 TVB-N 值传统测定

虾仁冷藏期间的 TVB-N 值变化情况如图 6-8 所示。新鲜组的虾仁 TVB-N 值平均值仅为 13.4 mg N/100 g，该 TVB-N 值在国家标准 GB 2733—2005 中属于一级鲜度[24]。虾仁在 4℃冷藏 2 天后，挥发性盐基氮含量迅速增加，这可能是由于腐败微生物的快速增长加快了蛋白质等成分的分解引起的。随着冷藏时间的进一步延长，蛋白质代谢受到抑制，虾仁挥发性盐基氮含量积累速度变慢。当冷藏时间达到 4～6 天时，一些样品的挥发性盐基氮含量已经超过了欧盟对可食用水产品挥发性盐基氮含量的规定（30 mg N/100 g）。

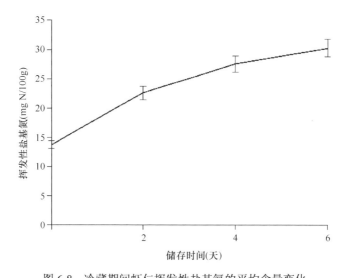

图 6-8　冷藏期间虾仁挥发性盐基氮的平均含量变化

Figure 6-8　The variation of TVB-N contents in prawns during cold storage

6.3.2　TVB-N 值高光谱预测

训练集和预测集虾仁样本的 TVB-N 值变化的统计结果如表 6-6 所示。其中，训练集和预测集的平均 TVB-N 值分别为 20.75 mg N/100 g 和 20.16 mg N/100 g。根据欧盟的标准，这表明在 0～6 天的冷藏期间内大部分的虾仁是可食用的。训练集的挥发性盐基氮含量从 9.41 mg N/100 g 增加到 35.39 mg N/100 g，如此大的变化范围有利于建立一个稳健和准确的模型。此外，预测集的挥发性盐基氮变化范围被包含在训练集变化范围之内，这有利于提高模型的预测精度。

表 6-6　训练集和预测集虾仁样本的 TVB-N 值变化统计（mg N/100 g）

Table 6-6　Reference results of TVB-N contents both in traning set and prediction set

样本	最小值	最大值	均值	标准差
训练集	9.41	35.39	20.75	5.32
预测集	10.53	30.91	20.16	5.25

图 6-9 显示了冷藏期间虾仁样本在 400～1000 nm 的平均光谱反射率。由图可以看出，在 9.41～35.39 mg N/100g，随着挥发性盐基氮含量的增加，其相应区域的光谱反射率明显上升。这可能是虾仁的主要化学成分随着冷藏时间的延长发生了变化，从而引起虾仁新鲜度的下降。通过观察虾仁光谱反射率值，3 条光谱曲线呈现出相似的形状，并在 575 nm、810 nm 和 970 nm 处附近出现明显峰值。其中 575 nm 是检测高铁肌红蛋白的特征波长。810 nm 处的高反射率可能是受到蛋白质分子结构中 C—H 键和水分子结构中 O—H 键的伸缩振动倍频吸收的影响。970 nm 附近

的峰值则主要是虾仁水分中 O—H 键伸缩振动的二级倍频吸收引起的[25]。

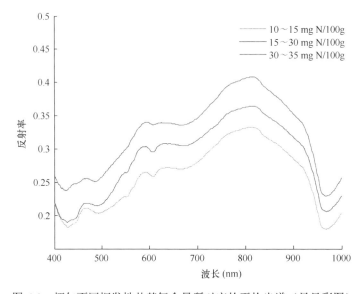

图 6-9 虾仁不同挥发性盐基氮含量所对应的平均光谱（另见彩图）

Figure 6-9 Average spectra features of the tested prawns with different TVB-N contents

为了消除光谱获取过程中系统误差以及随机误差带来的干扰，分别使用 S-G 平滑、MSC 和 SNV 3 种预处理方法对原始光谱进行预处理。为了选出最优的预处理方法，将原始光谱与经过不同预处理后的光谱作为自变量，其对应虾仁的 TVB-N 值作为因变量，建立 PLSR 模型。不同预处理光谱建立的 PLSR 模型的建模与预测效果如表 6-7 所示。从表中可以看出，原始光谱经过不同方法预处理后，其所建 PLSR 模型效果均得到一定的改善。与原始光谱相比，SNV 预处理后的光谱所建模型最好，其 R_C 为 0.83，RMSEC 为 0.097，R_P 为 0.72，RMSEP 为 0.109。因此，将全部样本的光谱数据用 SNV 进行预处理，以便后续分析。

表 6-7 不同预处理方法建立的 TVB-N 值的 PLSR 模型建模与预测结果

Table 6-7 Performance of PLSR models using pretreated spectra for predicting TVB-N

预处理	潜在变量	训练集		预测集	
		R_C	RMSEC	R_P	RMSEP
Raw	9	0.80	0.098	0.67	0.112
S-G 平滑	8	0.80	0.097	0.67	0.114
MSC	4	0.81	0.106	0.68	0.113
SNV	6	0.83	0.097	0.72	0.109

基于特征波长的分析，本研究采用 UVE 来去除大量冗余的甚至有负面影响的波段。经 UVE 选出的 206 个特征波段主要集中在 530～660 nm 和 780～980 nm

两个波段范围。这两个光谱区域在图 6-9 中呈现出较大的波动，说明两个区域的波段含有很多预测挥发性盐基氮的重要信息。但目前解释这两个区域光谱变化的研究和报道很少。其中 575 nm 是检测高铁肌红蛋白的特征波长。810 nm 处的高反射率可能是受到蛋白质分子结构中 C—H 键和水分子结构中 O—H 键的伸缩振动倍频吸收的影响。特征波段 970 nm 可能与虾肉中的主要成分水对光谱的吸收有关。

　　基于 UVE 选出的 2 个波段范围，如图 6-10 所示，使用一维小波函数 Daubechies/db 从中提取出 3 个小波特征，即能量、熵和模极大值。经过 7 次分解

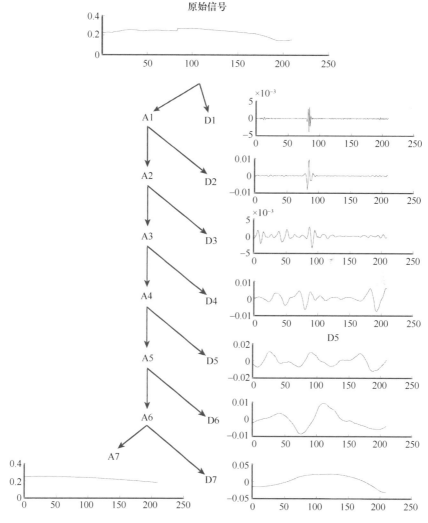

图 6-10　UVE-预处理光谱的小波分解过程（530~660 nm 和 780~980 nm）

Figure 6-10　The wavelet decomposition of a UVE-pretreated spectrum

后，每个样本可分解为 8 个能量特征，8 个熵特征和 20 个模极大值特征，后续分别以这 3 种特征作为自变量建立虾仁挥发性盐基氮含量的预测模型。分别基于小波分解提取的 3 种小波特征，采用 PLSR、RBF-NN 和 LS-SVM 建立虾仁挥发性盐基氮含量的预测模型，其模型预测结果统计如表 6-8 所示。经过比较线性建模方法（PLSR）和非线性建模方法（RBF-NN 和 LS-SVM）的建模效果，非线性建模方法的模型效果要明显优于线性建模方法，这可能是由于挥发性盐基氮的形成比较复杂和小波函数的非线性分解有关。在两种非线性算法中，LS-SVM 模型表现得更为稳健。

表 6-8 基于小波特征的虾仁挥发性盐基氮建模与预测结果统计

Table 6-8 **Performances of models for predicting TVB-N of prawns using wavelet features**

小波特征	模型	训练集		预测集	
		R_C	RMSEC	R_P	RMSEP
能量	PLSR	0.63	4.102	0.57	6.365
	RBF-NN	0.97	1.298	0.95	2.036
	LS-SVM	0.97	1.184	0.96	1.136
熵	PLSR	0.41	4.847	0.37	0.378
	RBF-NN	0.99	0.875	0.96	1.098
	LS-SVM	0.99	0.279	0.97	0.874
模极大值	PLSR	0.58	4.163	0.49	4.416
	RBF-NN	0.98	0.946	0.97	1.159
	LS-SVM	0.99	0.256	0.98	0.712

基于 3 种小波特征建立的非线性模型都得到了较为满意的预测精度（$R_P >$ 0.97，RMSEP < 2.04），这说明所提取的小波特征含有的信息足够建立稳健且准确的挥发性盐基氮预测模型。比较 3 种小波特征建立的非线性模型，模极大值比其他两种方法的预测结果更为准确，这可能与模极大值将光谱信息和光谱间的位置信息融合在一起有关。显然，基于模极大值建立的 LS-SVM 模型是预测虾仁挥发性盐基氮含量的最优模型，其 $R_P = 0.98$，RMSEP = 0.712。该结果比 Cheng 等之前利用光谱特征建立的预测鱼肉挥发性盐基氮含量的模型精度高[26]。

6.4 鱼肉 TBARS 值高光谱成像检测

6.4.1 TBARS 值传统测定

根据公式（6-2）进行计算。

6.4.2　TBARS 值高光谱预测

表 6-4 阐述了采用常规方法所测量的 TBARS 值的变化范围为 0.220～1.190 mg/kg。图 6-11 展示了不同冷藏天数的草鱼片样品的平均光谱特征变化情况。

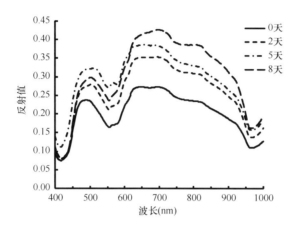

图 6-11　不同冷藏天数条件下鱼肉样品的平均光谱特征曲线
Figure 6-11　Average spectral features of the tested fish fillets during different cold storage days

由图 6-11 可知，在不同波长范围内，随着冷藏时间的增加，光谱特征变化幅度也逐渐增加，这反映了鱼片冷藏过程中的体内化学物质发生了一定程度的变化。在图 6-11 中，0 天的鱼片样品显示了最低的光谱反射值，这对应着最小的 TBARS 值，表明了最低程度的脂肪氧化。TBARS 值的升高主要是由于脂肪二次氧化的产品如烃类、丙二醛等醛类物质的生成[27]。这些氧化产物一定程度上引起了肌原纤维蛋白的交联以及蛋白质结构和功能性质的改变[28]。另外，可以发现，冷藏 8 天的光谱反射值在可见光区域（400～600 nm）与前几天的冷藏光谱信息差异较大，可能原因在于醛类物质的分解或者是由于醛类和蛋白质的交互作用引起了 TBARS 值的不断升高[29]。

基于全波段预测分析，本节采用 PLSR 方法建立全波长光谱信息和传统方法测量得到的参考值的预测模型，具体的定量对应关系见表 6-9 和图 6-12。

由表 6-9 可以看出，在全波长范围内建立的 PLSR 分析模型的决定系数 R^2_C、R^2_{CV}、R^2_P 分别为 0.852、0.832、0.824，对应的均方根误差 RMSEC、RMSECV、RMSEP 分别为 0.111 mg/kg、0.118 mg/kg、0.120 mg/kg。这个预测效果虽然比较不错，但仍有提升空间。为了能够最大限度去除噪声等干扰因素的影响，减少影响模型效果的因素，剔除散射光谱信息，挖掘有效的可见/近红外光谱数据，本节采用了多元散射校正（MSC）方法对原始光谱数据进行了预处理。

表 6-9　TBARS 值（mg/kg）校正与预测模型统计分析

Table 6-9　Statistical analysis of models for prediction of TBA value（mg/kg）

模型	变量数目	潜在变量	校正集		交互验证集		预测集	
			R^2_C	RMSEC	R^2_{CV}	RMSECV	R^2_P	RMSEP
PLSR	381	10	0.852	0.111	0.832	0.118	0.824	0.120
MSC-PLSR	381	10	0.877	0.101	0.851	0.111	0.833	0.117
RC-PLSR	10	8	0.847	0.112	0.845	0.113	0.832	0.118
RC-MLR	10	—	0.852	0.110	0.848	0.112	0.840	0.115

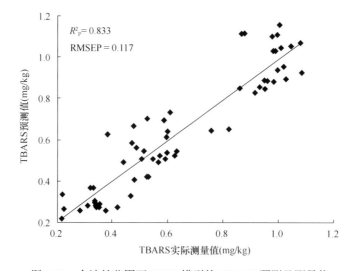

图 6-12　全波长范围下 PLSR 模型的 TBARS 预测及测量值

Figure 6-12　Measured and predicted TBA value based on PLSR model analysis

从表 6-9 中可知，将经过光谱预处理的数据结合 PLSR 进行建模，得到的优化后的 MSC-PLSR 模型的决定系数 R^2_C、R^2_{CV}、R^2_P 分别为 0.877、0.851、0.833，对应的均方根误差 RMSEC、RMSECV、RMSEP 分别为 0.101 mg/kg、0.111 mg/kg、0.117 mg/kg，它们之间的偏差分别为 0.010 mg/kg、0.016 mg/kg、0.006 mg/kg。对比利用原始光谱数据建立的 PLSR 模型，经过 MSC 处理后，预测效果和准确性都得到了一定程度的提高，R^2_P 从 0.824 提高到了 0.833，RMSEP 从 0.120 mg/kg 降到了 0.117 mg/kg，虽然变化幅度不大，但也可以证明 MSC 在一定程度上加强了光谱数据的光谱特征，用预处理后的光谱数据建立的 MSC-PLSR 模型也更适合预测鱼肉的 TBARS 值。

在另外一项研究中，Kamruzzaman 等利用近红外高光谱成像技术预测了羊肉的嫩度。研究中也利用 MSC 方法对原始光谱进行预处理后建立了 MSC-PLSR 模型，结果发现原始光谱数据建立的 PLSR 模型的 R_C、R_{CV} 分别为 0.910 和 0.840，而 MSC-PLSR 模型中对应的值分别为 0.860 和 0.790，决定系数分别下降了 0.050 和 0.050；同时，PLSR 模型的 RMSEC 和 RMSECV 分别为 4.440 和 5.710，而 MSC-PLSR 对应的值为 5.430、6.550，分别升高了 1.010 和 0.840。这表明，该研究通过 MSC 处理后的光谱数据建模效果没有原始光谱数据建模效果好。据此可以推断出，并不是所有光谱数据都适合使用 MSC 这种光谱预处理方法，但是在鱼肉 TBARS 值的预测研究中，MSC 光谱预处理方法产生了不错的辅助效果[30]。

另外，Xiong 等也采用高光谱成像技术结合 PLSR 算法建立了预测鸡肉储藏过程中 TBARS 值的变化情况，并取得了不错的预测效果，其 $R^2_P = 0.891$，RMSEP = 0.081 mg/kg[31]。这证实了采用光谱成像技术是可以测定肉品的脂肪氧化程度的。

基于特征波长预测分析，在本节研究中采用 PLSR 模型的加权回归系数法，称为 RC 方法，又可以称为 β 系数法。图 6-13 展示了采用 RC 方法得到的特征波长分布情况。

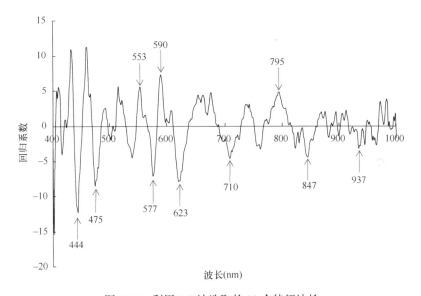

图 6-13　利用 RC 法选取的 10 个特征波长

Figure 6-13　Ten optimal wavelengths selected by RC method

通过 RC 方法选取的 10 个特征波长分别为 444 nm、475 nm、553 nm、577 nm、590 nm、623 nm、710 nm、795 nm、847 nm 和 937 nm。所选取的特征波长包含了一些关于鱼肉化学成分变化（如脂肪、水分等）的信息，其能够较好地反映草鱼片冷藏过程中 TBARS 值的变化。基于所选择的特征波长，采用 PLSR 和 MLR 两种算法建立了优化后的预测模型 RC-PLSR 和 RC-MLR。表 6-9 阐述了两种优化后的模型的预测性能大小。从表 6-9 得到的数据来看，二者预测 TBARS 值的能力几乎一样，没有太大的差异。基于 MLR 算法固有的优势，当变量数目远远小于样品数目时，预测效果突出。因此，RC-MLR 模型表现出相对优秀的预测性能，其 R^2_C、R^2_{CV}、R^2_P 分别为 0.852、0.848、0.840，对应的 RMSEC、RMSECV、RMSEP 分别为 0.110 mg/kg、0.112 mg/kg、0.115 mg/kg。基于 MLR 算法操作简单及其建立的模型的优良性能，可以采用该模型成功预测冷藏过程中草鱼片脂肪氧化的程度和 TBARS 值。

另外，利用表 6-9 中的数据，将 10 个特征波长建立的最优 RC-MLR 模型和光谱预处理过的 MSC-PLSR 模型进行对比，发现两者的 R^2_C、R^2_{CV}、R^2_P 和 RMSEC、RMSECV、RMSEP 数值基本一致，都处于一个较高的水平，且 RC-MLR 模型的 R^2_P 比较大，RMSEP 比较小。以上数据表明，利用 RC 法提取的 10 个特征波长能够代替全波长来预测鱼肉的 TBARS 值。在另外一项研究中，Liu 等开展了利用高光谱成像技术检测腌肉水分活度和盐分的研究，同样采用 β 系数法进行特征波长的提取，证明了特征波长能够代替全波段建立定量分析模型，并且比较了 PLSR 和 MLR 两种方法建立的预测模型的性能，也验证了 RC-MLR 模型的优越性[32]。在最近的一项研究中，Xiong 等采用 SPA 结合 PLSR 分析模型来预测鸡肉腐败过程中 TBARS 值的变化，效果不太理想，基于选择的 10 个特征波长建立的 SPA-PLSR 模型性能较差（R^2_P = 0.642、RMSEP = 0.157 mg/kg）[31]。这说明，选择不同的变量筛选算法和回归算法建立的模型性能不一样，针对的研究对象不同，预测效果也不一样。

6.5 鸡肉 TBARS 值高光谱成像检测

6.5.1 TBARS 值传统测定

表 6-10 总结了所有鸡肉样本的 TBARS 参考值的变化范围——最大值、最小值、平均值以及标准差。

表 6-10 传统方法测定鸡肉中 TBARS 含量（mg/100 g）
Table 6-10 TBARS content of chicken meat measured by the traditional method

参数	样本数	最小值	最大值	平均值	标准差
校正集	105	0.039	1.240	0.421	0.239
预测集	53	0.055	1.240	0.429	0.252

此外，鸡肉冷藏期间的 TBARS 平均含量变化情况如图 6-14 所示。新鲜鸡肉样本中 TBARS 含量平均值仅为 0.133 mg/100 g。在 4℃冷藏 3 天后，TBARS 含量

迅速增加，这可能是由于腐败微生物的快速增长加快了脂类等成分的分解。随着冷藏时间的进一步延长，鸡肉 TBARS 含量继续增加但积累速度变慢，这可能与鸡肉样本间的差异有关，也可能与脂类物质的氧化过程受到抑制有关。

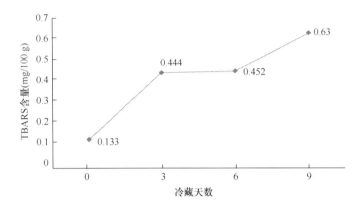

图 6-14　冷藏期间鸡肉样本 TBARS 的平均含量变化

Figure 6-14　TBARS contents of chicken meat samples during cold storage

6.5.2　TBARS 值高光谱预测

在图 6-15 中，TBARS 含量低于 0.1 mg/100 g 的光谱曲线是从新鲜鸡肉样本中获取的，而其他则是从冷藏鸡肉样本中获取的。

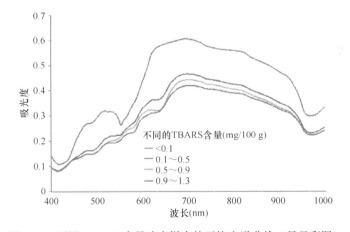

图 6-15　不同 TBARS 含量鸡肉样本的平均光谱曲线（另见彩图）

Figure 6-15　Average raw spectral features of tested chicken fillets with TBARS contents

可以明显看出在 400～1000 nm 光谱范围内，新鲜鸡肉很容易与冷藏鸡肉区分开来，因为它们的光谱曲线吸光度值存在显著差异。此外，随着 TBARS 含量的增加，光谱曲线虽然表现出相似的趋势，但它们的光谱吸光度值却随之降低。光谱吸光度值的差异主要是因为鸡肉物理特性和化学成分发生变化，而这些变化可以由微生物作用、酶反应和储藏时间所引发。具体地说，TBARS 含量的增加归因于储藏期间脂类氧化副产物如丙二醛等物质的形成[33]。鲜肉样本光谱曲线具有最高吸光度值可能与未分解化学成分的强吸收有关。当储藏时间增加，TBARS 含量缓慢积累，对应的脂类氧化产物在某种程度上会引起肌纤维蛋白的交联以及这些蛋白质的结构性和功能性变化[5]，导致光谱吸光度值逐渐下降。

选择一种合适建模方法对于光谱分析和后续羟脯氨酸含量的预测具有重大影响。在本研究中，基于全波长光谱和采用传统方法测得的 TBARS 和羟脯氨酸参考值，应用 PLSR 方法分别建立 TBARS、羟脯氨酸的预测模型。结果显示，所建 PLSR 模型均产生较好的预测结果（表 6-11），其中 TBARS 预测集 R_P 为 0.888，RMSEP 为 0.118 mg/100 g；羟脯氨酸预测集 R_P 为 0.879，RMSEP 为 0.040。此外，校正集、交互验证集和预测集的均方根误差绝对偏差较小，反映了模型的稳定性。

表 6-11　TBARS 值预测模型分析

Table 6-11　Performance of the used models for predicting TBARS value

模型	潜在变量	校正集		交互验证集		预测集	
		R_C	RMSEC	R_{CV}	RMSECV	R_P	RMSEP
PLSR	16	0.968	0.060	0.902	0.103	0.888	0.118
RC-PLSR	14	0.910	0.098	0.858	0.122	0.857	0.131
RC-MLR	14	0.913	0.097	0.870	0.117	0.871	0.124
RC-PCR	14	0.877	0.114	0.834	0.132	0.854	0.130

基于特征波长分析，从全波长光谱中挑选出最具代表性的特征波长，并使用这些特征波长建立多光谱成像系统从而满足工业快速检测的要求。本研究中，应用 RC 方法提取 TBARS 的特征波长，如图 6-16 所示，特征波长共 14 个（400 nm，405 nm，426 nm，443 nm，466 nm，478 nm，496 nm，589 nm，625 nm，649 nm，674 nm，703 nm，902 nm，955 nm）。

为了对比不同建模方法预测 TBARS 的能力，除了 PLSR，另外两种线性回归方法（MLR 和 PCR）也应用于建立简化模型，分别命名为 RC-PLSR，RC-MLR，RC-PCR 模型。3 个线性模型的预测结果如表 6-11 所示。从表 6-11 中可以看出 RC-MLR 模型在预测 TBARS 值中取得了最好的预测结果，其 TBARS 预测集 R_P 为 0.871，RMSEP 为 0.124。此外，基于特征波长建立的回归模型的预测结果与基于全波长光谱建立的 PLSR 回归模型的预测结果接近，表明提取出来的特征波长带有足够的有用信息。

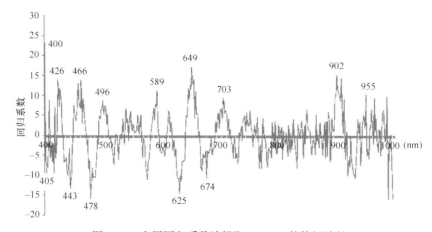

图 6-16　应用回归系数法提取 TBARS 的特征波长

Figure 6-16　Selection of feature wavelengths of TBARS by RC

6.6　鱼肉 K 值高光谱成像检测

6.6.1　K 值传统测定

K 值是反映鱼肉新鲜度的另外一个关键指标，它是通过测定鱼体内核苷酸 ATP 的分解程度来反映新鲜度的。一般而言，鱼死后，其体内的 ATP 按照以下步骤分解：ATP→ADP→AMP→IMP→HxR→Hx。其中，IMP 值是呈现鱼肉鲜味的主要成分，对 K 值影响大。K 值通常是由 ATP 的分解产物 HxR 与 Hx 浓度之和占 ATP 关联物浓度总量的比例[34]。K 值越小，表明产品越新鲜。ATP 降解的形式和速率通常与鱼的种类、肌肉类型、临死前的状态、捕获过程的应激反应、季节、处理方法和储藏方式有很大关系[35]。测量 K 值常用的方法是色谱法。它主要通过鱼死后分解得到成分的性质不同，对固定相的吸附力不同，从而实现分离，再根据每个物质的峰面积得到相应的浓度，从而得到鱼肉的 K 值。色谱法的原理是将混合物中的不同组分进行逐个分离，然后再进行分析，是分析化合物的有力手段。高效液相色谱法作为一种重要的色谱法经常用来测定 ATP 及其降解关联物的浓度来估计 K 值和评价鱼肉的新鲜度[36-38]。本研究中 ATP 及其降解产物的测定方法主要参考文献[39]的方法描述，略有修改。准确称取剁碎的鱼肉 5.00 g 于 50 mL 离心管中，加入预冷（4℃）10%的高氯酸 10 mL 和 10 mL 预冷蒸馏水，均质 1 min，然后在 4℃，8000 r/min 离心 10 min，取上清液，再加入 5%的高氯酸 10 mL，重复上述操作。把两次上清液合并，并用 1 mol/L 的 KOH 溶液调 pH 到 6.5 左右，再于 4℃下，8000 r/min 离心 10 min，取上清液定容于 50 mL 容量瓶，用 0.22 μm 微孔过滤膜过滤，装入进样瓶，储藏于–20℃冰箱待测。接下来采用高效液相色谱仪依次测定 ATP 及其降解物产物 HxR、Hx、ATP、ADP、AMP、IMP 的浓度。并按照公式（6-3）计算 K 值。HPLC 的实验条件为，泵：Waters 1525 二元液相泵，荷兰；进样器：Waters 2707 自动进样器，荷兰；检测器：Waters 2998 光电二极管阵列检测器，荷兰；色谱柱：Waters C18（4.6×250 mm，5 μm），爱尔兰；洗脱液：pH 6.4 的 0.05 mol /L K_2HPO_4 和 0.05 mol /LKH_2PO_4（$V : V = 1 : 1$）混合液；进样量：10 μL；流速：0.8 mL/min；检测波长：254 nm。

$$K = \frac{Hx + HxR}{ATP + ADP + AMP + IMP + Hx + HxR} \times 100\% \qquad (6\text{-}3)$$

式中，HxR、Hx、ATP、ADP、AMP、IMP 分别表示次黄嘌呤核苷、次黄嘌呤、腺苷三磷酸、腺苷二磷酸、腺苷酸和肌苷酸浓度值。

6.6.2 K 值高光谱预测

表 6-4 列出了采用常规方法所测量的 K 值的变化范围为 20.560%～91.240%。在图 6-17 中，随着储藏时间的增加，K 值从 20.560%（0 天）增加到 82.790%（6 天）。另外，也可以发现光谱反射值也出现了不同程度的波动，这可能与 ATP 在鱼肉内降解的速率有关。储藏时间为 0 天时，表现出最低反射值，也就意味着最低的 ATPase 酶活。随着储藏时间的增加，ATP 降解速度加快，K 值逐渐增大，这意味着鱼肉鲜度开始损失，本阶段主要是鱼肉自溶作用和酶促反应引起的[40]。事实上，大部分的 ADP 很快会消失，它们在 2 天内降解为 IMP，随着降解的继续，HxR 和 Hx 逐渐生成。研究表明，ATP 降解为 IMP 主要是内源酶的作用造成的[40]。当储藏 6 天时，光谱反射值出现了较大的突变，这种现象归因于微生物作用引起的 ATP 的降解[41]。由于微生物的生长，IMP 加速降解为 HxR 和 Hx。Hx 具有苦味，是产生腐败气味的主要成分之一[42]。Hx 的积累会引起腐败过程中的异味以及鲜度的损失[43]。因此，在储藏的第 6 天，基于光谱反射值的较大波动，可以判定鱼片已经失去了新鲜度。根据反射值，吸收峰值刚好在 550 nm 左右，这可能与鱼肉内部所含的色素有关联[44]。在 970 nm 左右还存在一个吸收峰，而水的吸收峰也是刚好在 970 nm 左右，推导可知这可能是由于水的第二个倍频 O—H 键振动引起的吸收峰[30]。

本研究中采用 PLSR 和 LS-SVM 两种方法分别建立 K 值的校准模型，通过比较这两种典型的校准模型的性能，选择一个更合适的校准模型作进一步研究。表 6-12 和图 6-18 阐述了模型性能及鱼肉 K 值的预测值和测量值之间的具体的定量对应关系。从表 6-12 中可以发现，当 PLSR 用于建立模型时，其 R^2_C、R^2_{CV}、R^2_P 分别为 0.962、0.942、0.936，对应的均方根误差 RMSEC、RMSECV、RMSEP 分别为 0.040、0.049、0.053 以及它们之间的绝对误差分别为 0.009、0.013、0.004，存在着很小的差别。当 LS-SVM 用于建模分析时，R^2_C、R^2_{CV}、R^2_P 分别为 0.952、

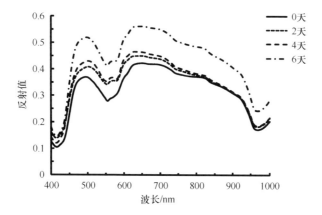

图 6-17　不同冷藏天数条件下鱼肉样品的平均光谱特征曲线

Figure 6-17　Average spectral features of the tested fish fillets during cold storage days

表 6-12　*K* 值校正与预测模型统计分析

Table 6-12　Statistical analysis of models for prediction of *K* value（%）

模型	变量数目	潜在变量	校正集		交互验证集		预测集	
			R^2_C	RMSEC	R^2_{CV}	RMSECV	R^2_P	RMSEP
PLSR	381	9	0.958	3.990	0.942	4.920	0.936	5.210
LS-SVM	381	—	0.951	4.450	0.944	4.870	0.922	5.530
SPA-PLSR	7	5	0.942	4.920	0.933	5.270	0.935	5.170
SPA-LS-SVM	7	—	0.939	5.060	0.918	5.890	0.915	6.180

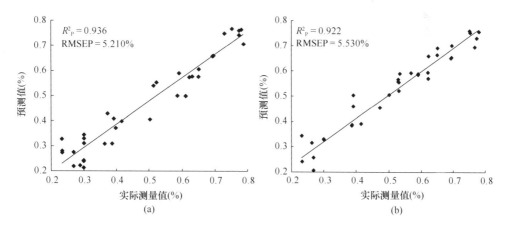

图 6-18　全波长范围下 PLSR（a）和 LS-SVM（b）模型的 *K* 值的预测及测量值

Figure 6-18　Measured and predicted *K* value based on PLSR（a）and LS-SVM（b）model

0.942、0.922，对应的均方根误差 RMSEC、RMSECV、RMSEP 分别为 0.045、0.049、0.055，它们之间的绝对误差分别为 0.005、0.010、0.006。通过两种模型的比较，可以发现，PLSR 模型具有较好的预测性能和精确度，可以较为准确地预测冷藏过程中草鱼片 K 值的变化。这也说明，影响 K 值变化的因素主要是线性因子如储藏温度和时间。

在利用特征波长预测分析时，采用 SPA 方法在全波长范围内选择含有重要的具有代表性信息的最佳波长。图 6-19 显示了采用 SPA 选取出的 7 个特征波长，分别为 432 nm、455 nm、588 nm、635 nm、750 nm、840 nm 和 970 nm。

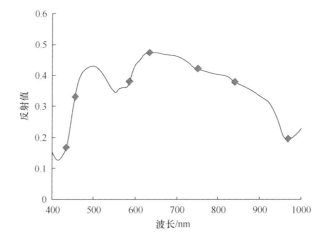

图 6-19　利用 SPA 方法选取的 7 个特征波长

Figure 6-19　Seven optimal wavelengths selected by SPA method

显然，在这 7 个特征波长中，大部分落在了可见波长范围内。根据相关知识分析，可能是草鱼片在冷藏过程中，鱼肉的颜色和质地发生变化。根据所选择的 7 个特征波长所携带的光谱数据，选用合适的建模方法建立新的定量分析模型。表 6-12 阐述了采用 PLSR 和 LS-SVM 两种算法建立的优化后的 SPA-PLSR 和 SPA-LS-SVM 两种模型的预测性能情况。从表 6-12 中可知，SPA-PLSR 模型表现出优秀的预测性能，其 $R^2_P = 0.935$、RMSEP = 5.170%。与全波长条件下的 PLSR 模型性能相比，虽然 R^2_P 值下降了 0.170%，RMSEP 升高了 2.600%，但是整体的预测精度仍然很高，这与 He 等采用可见/近红外高光谱成像技术结合 PLSR 模型预测三文鱼储藏过程中水分变化的结果相一致[19]。采用 SPA-LS-SVM 模型也到了很不错的预测表现力（$R^2_P = 0.915$、RMSEP = 6.180%），与 SPA-PLSR 模型相比稍有逊色。在另外一项研究中，Wu 等也证实了采用最优波长建立的模型 PLSR 的预测精度要高于 LS-SVM 模型[20]。

另外，比较特征波长下建立的回归模型预测效果和全波长范围的回归模型效果，发现从决定系数、均方根误差及它们之间的差异性这 3 个方面进行评价，全波长范围内的模型效果与特征波长的模型效果基本处于同一水平，虽然 SPA-PLSR 模型较 PLSR 模型，R^2_P 降低了 0.002，RMSEP 增大了 0.001，但是变量从全波段的 381 个减少到了 7 个，计算量减少了 98.1%，综合考虑后认为，可以选用 7 个特征波长来代替全波长范围进行建模，减少了信息的重复率，提高了计算效率。基于 7 个特征波长建立的 SPA-LS-SVM 模型被认为是最好的预测模型。综上分析可知，PLSR 模型在预测过程中比 LS-SVM 模型性能更好，说明在冷藏过程中草鱼片的 K 值呈现线性变化趋势，而且 SPA 具有良好的适应性和选择不同信息的能力。

6.7　鱼肉化学多指标高光谱成像检测

在本研究中，分别采用 SPA 和 GA 两种算法来选择有价值的能够反映鱼肉化学腐败的特征波长。利用 SPA 筛选出的同时测量 TVB-N 值、TBARS 值和 K 值的 5 个关键波长分别为 432 nm、550 nm、660 nm、820 nm 和 965 nm。利用 GA 算法挑选出的同时预测这 3 个化学指标的 6 个特征波长分别为 435 nm、565 nm、660 nm、815 nm、870 nm 和 970 nm。表 6-13 和表 6-14 分别展示了基于 SPA 和 GA 筛选的特征波长所建立的 LS-SVM 和 MLR 模型同时预测 TVB-N 值、TBARS 值和 K 值的性能大小比较。

从表 6-13 统计分析可以得出，LS-SVM 和 MLR 两种模型在预测 TVB-N 值和 K 值时都表现出优秀的预测效力（$R^2 > 0.900$、RPD > 3.000）。具体而言，在预测 TVB-N 值时，LS-SVM 模型比 MLR 模型表现出更好的预测性能，其 $R^2_P = 0.931$、RPD = 3.839、RMSEP = 1.065 mg N/100 g。同样地，所采用的两种模型在预测 K

表 6-13　基于 SPA 特征波长下的多指标校正与预测模型统计分析
Table 6-13　Analysis of models for prediction of multi-targets by SPA-selected variables

化学指标	模型	校正集		交互验证集		预测集		RPD
		R^2_C	RMSEC	R^2_{CV}	RMSECV	R^2_P	RMSEP	
TVB-N	LS-SVM	0.924	1.103	0.922	1.115	0.931	1.065	3.839
	MLR	0.926	1.098	0.917	1.118	0.921	1.115	3.828
TBARS	LS-SVM	0.816	0.088	0.818	0.085	0.803	0.094	2.588
	MLR	0.745	0.113	0.763	0.104	0.752	0.109	2.115
K 值	LS-SVM	0.943	4.121	0.938	4.141	0.940	4.128	3.828
	MLR	0.956	4.106	0.948	4.114	0.951	4.110	3.853

注：TVB-N 值预测偏差单位为 mg N/100 g；TBA 值预测偏差单位为 mg/kg；K 值预测偏差单位为%

表 6-14　基于 GA 特征波长下的多指标校正与预测模型统计分析

Table 6-14　Analysis of models for prediction of multi-targets by GA-selected wavelengths

化学指标	模型	校正集		交互验证集		预测集		RPD
		R^2_C	RMSEC	R^2_{CV}	RMSECV	R^2_P	RMSEP	
TVB-N	LS-SVM	0.925	1.101	0.913	1.123	0.922	1.115	3.811
	MLR	0.928	1.096	0.927	1.097	0.925	1.098	4.250
TBARS	LS-SVM	0.854	0.074	0.878	0.065	0.867	0.069	3.385
	MLR	0.821	0.109	0.835	0.079	0.852	0.076	2.785
K 值	LS-SVM	0.944	4.120	0.938	4.136	0.936	4.145	3.832
	MLR	0.952	4.112	0.948	4.109	0.944	4.121	3.857

注：TVB-N 值预测偏差单位为 mg N/100 g；TBA 值预测偏差单位为 mg/kg；K 值预测偏差单位为%

值时也表现出令人满意的预测精度。与 LS-SVM 模型相比，MLR 模型展示了更高的预测 K 值的能力（R^2_P：0.951 vs. 0.940；RPD：3.853 vs. 3.828；RMSEP：4.110% vs. 4.128%）。然而，在 TBARS 值的预测方面，两种模型都表现出较差的表现力，其 $R^2_P < 0.900$、RPD < 3.000（$R^2_P = 0.803$、0.702；RPD $= 2.588$、2.115）。基于当前的研究分析，利用 SPA 筛选的 5 个特征波长结合 LS-SVM 和 MLR 方法可以同时预测 TVB-N 值和 K 值，这样可以同时监控鱼肉腐败过程中蛋白质和 ATP 的降解来更为全面、更为准确地评价鱼肉的新鲜度。

从表 6-14 可以看出，与利用 SPA 建立的模型性能相比，基于 GA 算法所筛选出的 6 个特征波长构建的 LS-SVM 和 MLR 两种模型同时预测 TVB-N 值和 K 值也表现出出色的预测精确度，同时对 TBA 值的预测效果也有所提升。在预测 TVB-N 值时，MLR 模型的表现较为出色，与 LS-SVM 模型（$R^2_P = 0.922$、RPD $= 3.811$、RMSEP $= 1.115$ mg N/100 g）相比，R^2_P 和 RPD 值分别增加了 0.003 和 0.439，RMSEP 下降了 0.017 mg N/100 g。在 K 值预测方面，MLR 同样展示了较高的预测可靠性和稳健性，其 $R^2_P = 0.944$、RPD $= 3.857$、RMSEP of 4.121%。对于 TBARS 值的预测，利用 GA 挑选出的特征波长建立的 LS-SVM 预测模型表现出可接受的性能（$R^2_P = 0.867$、RPD $= 3.385$、RMSEP $= 0.069$ mg/kg）。因此，可以推断出利用 GA 挑选出的 6 个关键波长结合 LS-SVM/MLR 模型可以同时测定 TVB-N 值、TBARS 值和 K 值来评价鱼肉化学腐败过程中新鲜度的变化。

结合表 6-13 和表 6-14 统计结果可以得出，不管采用几个波长（5 个或者 6 个）所构建的 LS-SVM 和 MLR 模型在预测 TVB-N 值和 K 值方面都表现出优秀的预测性能，在 TBARS 值预测方面，都表现出较差的可靠性和预测力，可能的主要原因在于鱼肉储藏过程中脂肪氧化变化区间过小造成的。在今后的研究中，需要增加样品的数量以及寻找更合适的变量筛选算法来提高模型的精确度和稳健性。

综上分析比较，可以推荐采用 GA 算法筛选出的 6 个关键波长构建的 LS-SVM

模型同时预测化学腐败过程中鱼肉新鲜度变化的 3 个指标，这为发展更为准确的预测鱼片新鲜度的多光谱成像系统提供了重要理论价值和技术支持。

6.8　鸡肉氨基酸特性高光谱成像检测

6.8.1　羟脯氨酸传统测定

为了获取更大范围的羟脯氨酸含量以建立稳定的校正模型，同时也为了研究不同类型鸡肉中羟脯氨酸含量变化，选择 4 种类型鸡胴体（清远土鸡、普通清远鸡、湛江土鸡和普通湛江鸡），每种类型各 4 只，购买于广州市番禺区新造镇菜市场。屠宰后，所有鸡胴体包装并做标记，随即运往实验室。使用手术刀将鸡胸肉剔除出来并切成厚度为 1cm 的肉片。最后，共获得 160 个肉片样本，随机选取 1/3（53 个）作为预测集，其余的 107 个样本作为校正集。

所有样本首先进行高光谱图像的采集，然后根据国家标准 GB/T 9695.23—2008[45]进行羟脯氨酸含量的测定。图 6-20 展示了羟脯氨酸的标准曲线，而表 6-15 统计了所有鸡肉样本的羟脯氨酸含量变化参数。

表 6-15　采用传统方法测定鸡肉中羟脯氨酸含量（g/100 g）

Table 6-15　Hydroxyproline content of chicken meat measured by the traditional method

参数	校正集	预测集
样本数	107	53
最小值	0.041	0.044
最大值	0.298	0.300
平均值	0.163	0.166
标准差	0.083	0.084

在表 6-15 中，羟脯氨酸含量的变化范围为 0.041～0.298 g/100 g，表明不同类型鸡肉样本的羟脯氨酸含量有较大的变化。一般地，参考值具有较大变化范围有利于建立稳健和准确的预测模型。

6.8.2　羟脯氨酸高光谱预测

在图 6-21 中，不同羟脯氨酸含量的鸡肉样本的光谱曲线表现出了明显的分层，说明不同品种的鸡肉、同一品种不同养殖方式的鸡肉在羟脯氨酸含量上存在显著差异。

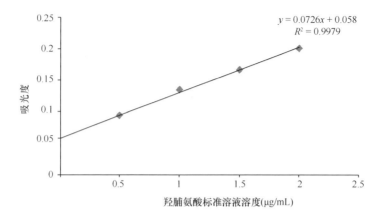

图 6-20　羟脯氨酸标准曲线

Figure 6-20　Standard curve of hydroxyproline

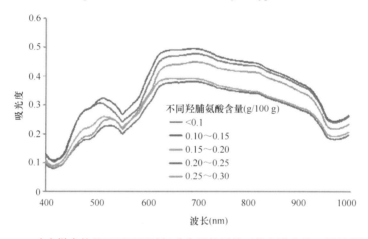

图 6-21　鸡肉样本的基于不同羟脯氨酸含量的原始平均光谱曲线（另见彩图）

Figure 6-21　Average raw spectral features of tested chicken fillets with hydroxyproline contents

　　此外，从光谱曲线上可以观察出 5 个主要吸收波段，分别位于 430 nm、500 nm、550 nm、780 nm 和 970 nm 附近。这些吸收波段主要与肌肉中水分、脂肪和蛋白质的吸收有关。具体地，位于 430 nm、500 nm 和 550 nm 的吸收波段与色素蛋白中血红素的吸收有关[19,44,46]；位于 780 nm 和 970 nm 左右的吸收波段主要与水分子中 O—H 键的第二和第三倍频峰吸收有关[19]。图 6-22 显示纯羟脯氨酸晶体在可见/短波近红外区域的 870～930 nm 有明显吸收波段，而在 420 nm 处有弱吸收波段，这证明了羟脯氨酸在可见/短波近红外光谱区域具有吸收带。

　　选择一种合适建模方法对于光谱分析和后续羟脯氨酸含量的预测具有重大影响。在本研究中，基于全波长光谱和采用传统方法测得的羟脯氨酸参考值，应用 PLSR 方法建立羟脯氨酸的预测模型。结果，所建 PLSR 模型均产生较好的预测结

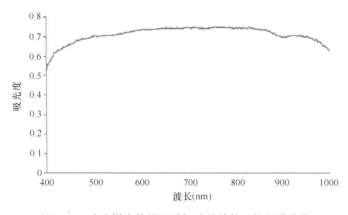

图 6-22　鸡肉样本的纯羟脯氨酸晶体的平均光谱曲线

Figure 6-22　Average raw spectral features of tested chicken fillets with pure hydroxyproline

果（表 6-16），其中羟脯氨酸预测集 R_P 为 0.888，RMSEP 为 0.118。此外，校正集、交叉验证集和预测集的均方根误差绝对偏差较小，反映了模型的稳定性。

表 6-16　羟脯氨酸预测模型的性能比较

Table 6-16　Performance of used models for hydroxyproline content prediction

模型	潜在变量	校正集		交互验证集		预测集	
		R_c	RMSEC	R_{cv}	RMSECV	R_p	RMSEP
PLSR	16	0.968	0.060	0.902	0.103	0.888	0.118
RC-PLSR	8	0.900	0.036	0.890	0.038	0.890	0.040
RC-MLR	8	0.908	0.035	0.890	0.038	0.903	0.036
RC-PCR	8	0.899	0.036	0.892	0.038	0.876	0.041

　　基于特征波长分析，从全波长光谱中挑选出最具代表性的特征波长，并使用这些特征波长建立多光谱成像系统从而满足工业快速检测的要求。本研究中，应用 RC 方法提取 TBARS 和羟脯氨酸的特征波长，如图 6-23 所示。其显示的表征羟脯氨酸的特征波长，共 8 个（419 nm、469 nm、541 nm、549 nm、575 nm、606 nm、632 nm 和 896 nm）。

　　为了对比不同建模方法预测羟脯氨酸含量的能力，除了 PLSR，另外两种线性回归方法（MLR 和 PCR）也应用于建立简化模型，分别命名为 RC-PLSR、RC-MLR、RC-PCR 模型。3 个线性模型的预测结果如表 6-16 所示。从表 6-16 中可以看出 RC-MLR 模型在预测羟脯氨酸含量上取得了最好的预测结果，其羟脯氨酸预测集 R_P 为 0.903，RMSEP 为 0.036。此外，基于特征波长建立的回归模型的预测结果与基于全波长光谱建立的 PLSR 回归模型的预测结果接近，表明提取出来的特征波长带有足够的有用信息。

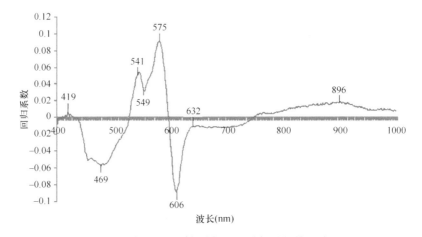

图 6-23 应用回归系数法提取羟脯氨酸的特征波长
Figure 6-23 Selection of feature wavelengths of hydroxyproline by RC

6.9 化学信息可视化分布

6.9.1 化学信息可视化分布步骤

化学信息可视化分布是一种直观有效的手段用来观察鱼肉冷藏过程中品质从新鲜到腐败的变化过程。在本研究中，基于最优波长优化过的分析模型可以把高光谱图像的每一个像素点转换成化学图像来实现化学信息因子的分布。所得到的这样的一个分布图有益于帮助消费者快速判定不同批次样品之间以及同一样品不同部位的腐败情况。可视化过程一般包括以下步骤：首先，选择基于特征波长的高光谱图像进行校正，这种采用特征波长降维的方式可以加速可视化的进程和快速生成预测图谱。其次，这些高光谱图像在这些特征波段处展开为 2-D 数据矩阵，这样每一个单一波段处的图像就成为一个列向量。接下来把优化后的模型加成展开的数据矩阵。最后，得到新的矩阵折叠后形成 2-D 彩色图像，单一波段呈现同一大小。采用一个色彩带来指示所预测的化学指标的大小。预测值较小时，采用蓝色表示，随着预测值的增大，颜色浓度增强，逐渐变为黄色，最后变为红色，这样就形成一个伪彩色的预测值浓度的分布矩阵，表征出来也就是可视化分布图。图 6-24 阐述了采用高光谱成像技术结合化学计量学算法实现草鱼片新鲜度化学信息可视化的基本步骤：（a）为原始高光谱图像；（b）为校正后的高光谱图像；（c）为灰度化图像；（d）为选取的感兴趣区域；（e）为提取的光谱信息；（f）为选择的特征波长信息；（g）为特征波长处的光谱图像；（h）为最终的可视化图像。

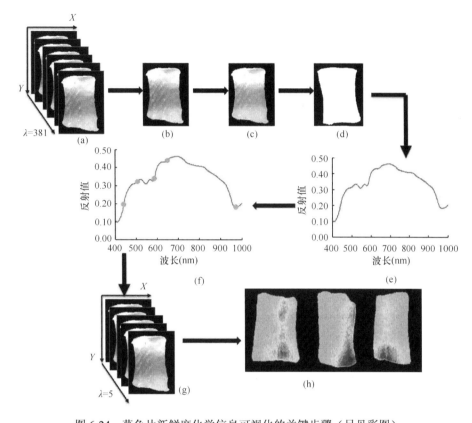

图 6-24　草鱼片新鲜度化学信息可视化的关键步骤（另见彩图）

Figure 6-24　Key steps of visualization of chemical information in grass carp fish fillets

6.9.2　鱼肉 TVB-N 值可视化分布

在国际上采用 TVB-N 值作为新鲜度指标来评价鱼肉新鲜程度不尽相同。不同的国家和地区针对不同的鱼种和来源定义的 TVB-N 值的阈值也不尽相同。例如，在中国，根据国家标准 GB 2733（2005）的描述，对于海水鱼类，TVB-N 值的拒绝限值为 30 mg N/100 g；对于淡水鱼类，如本研究中的草鱼，TVB-N 值不能超过 20 mg N/100 g。而世界上比较能接受的海水鱼类的 TVB-N 值最大值不能超过 30 mg N/100 g。因此，为了更好地、更直观地理解在冷藏过程中不同储藏时间和不同部位 TVB-N 值的变化情况，研究 TVB-N 值的可视化分布显得尤为重要。通常采用一个线性的颜色带显示不同颜色的分布情况。一般而言，蓝色表示较低的预测值，表明鱼肉处于最初新鲜状态。红色表示较高的预测值，表明鱼肉处于腐败状态。换言之，具有相似特征的像素呈现类似的预测值，这样可视化的结果就以相似的颜色来表征[47]。在可视化分布图中，拥有相似的光谱特征信息的图像像素信息可以产生相似的可视化的颜色来匹配和表示 TVB-N 值,这种颜色通常称为伪彩色。因此,在本研究中,采用优化后得到的最好的 SPA-LS-SVM 模型把草鱼片高光谱图像的所有点的像素信息转化为对应的 TVB-N 值来可视化 TVB-N 值的分布。图 6-25 展示了鱼片冷藏过程中不同 TVB-N 值的可视化分布情况。从图 6-25 可以清晰地看出 TVB-N 值是如何变化的。另外,从 TVB-N 值分布图颜色的密度和强度可以看出其分布是不均匀的,这可能是因为 TVB-N 包括所有含氮化学成分的降解,但主要是蛋白质的降解,过程比较复杂,这也与降解速度有关,因此很难均匀化分布。例如,当 TVB-N = 8.26 mg N/100 g [图 6-25(a)] 和 TVB-N = 12.98 mg N/100 g [图 6-25(b)] 时,鱼片的不同部位表现出不同的颜色分布,尤其是鱼片的边缘部分呈现较高的浓度值,这可能是由于边缘部分易感染微生物污染和易发生自溶作用。然而,随着冷藏时间逐渐延长,当 TVB-N = 15.69 mg N/100 g 时 [图 6-25(c)],可视化分布图展现出较好的均匀性,几乎显示统一的红色。这说明,鱼片新鲜度已经发生了巨大的损失,也暗示着化学成分发生较大程度的降解。因此,通过对比不同的可视化分布图,可以清晰地理解 TVB-N 值的动态变化过程和鱼片的新鲜程度,更为直接地决定了消费者的可接受程度。这也证实了高光谱成像技术不仅能够提供光谱信息,更重要的是能够提供图像的可视化信息来评价鱼片的新鲜度及强化鱼肉品质的质量控制与产品安全。

图 6-25　冷藏草鱼片 TVB-N 值的可视化分布图(另见彩图)
(a) TVB-N = 8.26 mg N/100 g;(b) TVB-N = 12.98 mg N/100 g;(c) TVB-N = 15.69 mg N/100 g

Figure 6-25　Visualization of TVB-N distribution map in grass carp fillet during cold storage
(a) TVB-N = 8.26 mg N/100 g;(b) TVB-N = 12.98 mg N/100 g;(c) TVB-N = 15.69 mg N/100 g

6.9.3　虾肉 TBARS 值可视化分布

如图 6-26 线性颜色带所示,深蓝色代表低挥发性盐基氮含量,深红色代表高挥发性盐基氮含量。从深蓝到深红的渐变代表挥发性盐基氮含量的逐渐增长,不

同的颜色代表不同的 TVB-N 值水平。图中（a）、（b）、（c）和（d）分别是冷藏 0
天、2 天、4 天和 6 天的 4 个预测样本，由于虾肉组织的非均质性以及虾仁表面的
不平整性，每个虾仁样本的颜色不是单一的。但随着冷藏时间的延长，颜色从深
蓝逐渐变化到深红，各虾仁的真实挥发性盐基氮含量与图中虾仁颜色对应的预测
值大体一致，说明用模极大值建立的 LS-SVM 模型能准确预测未知样本上每个像
素点的挥发性盐基氮含量。

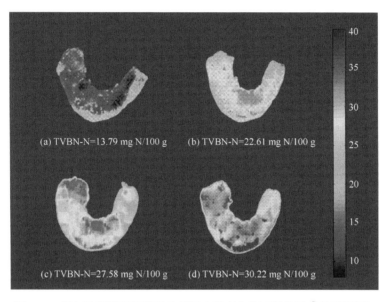

图 6-26　虾仁冷藏期间挥发性盐基氮含量变化的可视化图（另见彩图）
Figure 6-26　Distribution maps for TVB-N contents at different cold storage

6.9.4　鱼肉 TBARS 值可视化分布

对于 TBARS 值的预测，最终选定的最好的预测模型为 RC-MLR 模型，把
该模型用于建立脂肪氧化的可视化分布中。通常而言，脂肪氧化的 TBARS 值的
阈值为 1.0 mg/kg，这样可以借助可视化分布图像来判定鱼片冷藏过程中脂肪氧
化的程度。图 6-27 提供了鱼片冷藏过程中 TBARS 值的可视化分布图。特别地，
图 6-27（b）显示了当 TBARS = 0.460 mg/kg 时鱼片脂肪氧化的程度，从图上可以
看出鱼片不同部位氧化程度是不一样的，这可能是由于切口表面在储藏过程中由
于氧气的渗入和破裂的细胞加速了肌肉的降解和氧化过程。当 TBARS 值逐渐增
大，脂肪氧化的程度也同步加强。例如，当 TBARS = 0.952 mg/kg［图 6-27（c）］
和 TBARS = 1.121 mg/kg［图 6-27（d）］时，脂肪氧化的程度相对均匀，都呈现
红色，不同部位鱼肉密度不一样，氧化程度有差异。图 6-27（d）表明，鱼片已经

遭受较大程度的氧化和腐败，同时 TBARS 值也已经超过了阈值 1 mg/kg，这进一步说明了鱼片已经失去了食用价值，如果再食用存在食品安全风险，这为食品安全监控提供了一种快速无损的方式。

图 6-27　冷藏草鱼片 TBARS 值的可视化分布图（另见彩图）
（a）TBARS = 0.236 mg/kg；（b）TBARS = 0.460 mg/kg；（c）TBARS = 0.952 mg/kg；（d）TBARS = 1.121 mg/kg

Figure 6-27　Examples of distribution maps of TBARS value in fish fillets
（a）TBARS = 0.236 mg/kg；（b）TBARS = 0.460 mg/kg；（c）TBARS= 0.952 mg/kg；（d）TBARS = 1.121 mg/kg

6.9.5　鸡肉羟脯氨酸值可视化分布

图 6-28 展示了 4 个鸡肉样本的羟脯氨酸可视化分布图。图 6-28（a）～（d）分别取自 4 种不同类型的鸡肉（清远土鸡、湛江土鸡、普通清远鸡和普通湛江鸡）。首先，从图 6-28 中可以观察出不同鸡肉样本间羟脯氨酸含量存在差异，甚至同一鸡肉样本不同位置的羟脯氨酸含量也存在差异。此外，图 6-28（a）、（b）含有较低羟脯氨酸含量，而图 6-28（c）、（d）含有较高羟脯氨酸含量。这也许是因为鸡个体受到不同养殖方式和饲养水平造成的。通过对比鸡肉样本的参考值与图像颜色对应值可以反映出预测结果是相近的，进一步反映了 RC-MLR 模型的稳健性。最后，羟脯氨酸的可视化分布图可以提供一种直观的方式去了解鸡肉中羟脯氨酸的变化，对深入研究鸡肉的嫩度和质构特性有着重要意义。

6.9.6　鱼肉 K 值可视化分布

对于 K 值的预测模型，经过优化后 SPA-PLSR 作为最优模型用于进行 K 值的可视化。通常而言，K 值小于 20% 时，鱼片处于最佳新鲜程度；当 K 值处于 20% 和 60% 之间时，鱼片仍然具有可食用的价值；当 K 值超过极限值 60% 时，鱼肉完全失去可食用性和可接受性[48]。因此，对 K 值进行可视化可以更清楚地明白鱼片的腐败程度。图 6-29 列举了储藏不同天数的鱼片的 K 值的可视化分布图。当 K

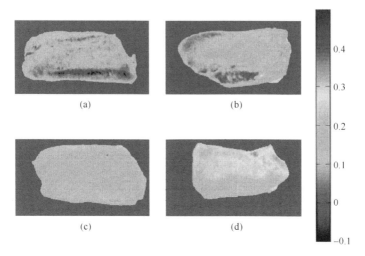

图 6-28　鸡肉样本的羟脯氨酸可视化分布图（另见彩图）

（a）～（d）分别代表 0.065 g/100 g、0.110 g/100 g、0.149 g/100 g 和 0.268 g/100 g 的羟脯氨酸含量

Figure 6-28　Distribution maps of hydroxyproline contents of chicken fillets

（a）—（d）respectively represents hydroxyproline contents of 0.065 g/100 g, 0.110 g/100 g, 0.149 g/100 g and 0.268 g/100 g

值较小时，如图 6-29（a）所示，$K = 24.20\%$（冷藏 0 天）时，可视化颜色几乎全为蓝色，说明处于新鲜状态。当 $K = 45.60\%$（冷藏 2 天）时，如图 6-29（b）所示，鱼片可视化出现不均匀性，颜色浓度两端明显比中间高。当 K 值逐渐增大到 89.80%（冷藏 6 天）时，鱼片可视化全部是红色，这说明鱼片已经严重腐败，超过了 K 值的阈值。因此，可以根据鱼片 K 值的可视化分布，来快速判定鱼片是否新鲜及新鲜程度。

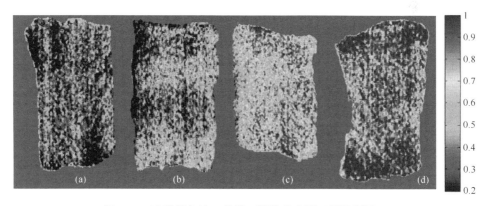

图 6-29　冷藏草鱼片 K 值的可视化分布图（另见彩图）

（a）$K = 24.2\%$；（b）$K = 45.6\%$；（c）$K = 78.1\%$；（d）$K = 89.8\%$

Figure 6-29　Distribution maps of K value in fish fillets during cold storage

（a）$K = 24.2\%$；（b）$K = 45.6\%$；（c）$K = 78.1\%$；（d）$K = 89.8\%$

6.9.7 多指标可视化分布

基于 6.9.4 节分析可知，由于预测 TBARS 值的模型性能较差，在指标可视化过程中不采用 TBARS 值，主要利用预测性能较高的 TVB-N 值和 K 值同时进行可视化。图 6-30 展示了一些草鱼片化学腐败过程 TVB-N 值和 K 值同步变化的可视化分布图。从图中很清晰地可以看出，当 TVB-N 值在 11.47～14.78 mg N/100 g 以及 K 值在 50.13%～70.75%变化时，可视化的分布是不均匀的。另外，当 K 值位于 59.85%时，这意味着鱼肉基本上失去了新鲜特性，而此时的 TVB-N 值却仅为 13.04 mg N/100 g，这说明两种指标在表征鱼肉新鲜度方面出现了不一致性，预示着鱼肉样品还具有可消费的可能性，不过已经接近新鲜度拒绝阈值的极限。出现这种情况的原因，可能与蛋白质和 ATP 不同的降解方式和速率有关系。总之，根据鱼肉化学腐败过程新鲜度多指标同步可视化分布图，可以更加准确地、无损快速地判定和评价鱼肉样品的新鲜程度。

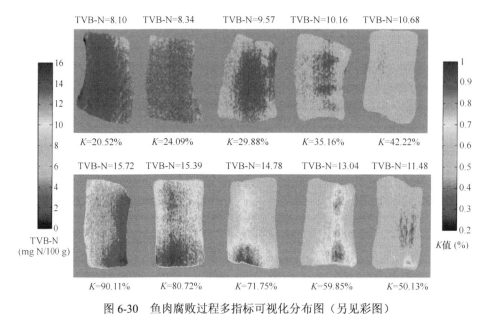

图 6-30　鱼肉腐败过程多指标可视化分布图（另见彩图）

Figure 6-30　Visualized distribution maps of chemical indicators in fish fillets

主要参考文献

[1] Zogul Y, Zyurt G, Zogul F, et al. Freshness assessment of European eel (*Anguilla anguilla*) by sensory, chemical and microbiological methods [J]. Food Chemistry, 2005, 92(4): 745-751.

[2] St Angelo A J, Vercellotti J, Jacks T, et al. Lipid oxidation in foods [J]. Critical Reviews in Food Science & Nutrition, 1996, 36(3): 175-224.

[3] Klaypradit W, Kerdpiboon S, Singh R K. Application of artificial neural networks to predict the oxidation of menhaden fish oil obtained from Fourier transform infrared spectroscopy method [J]. Food and Bioprocess Technology, 2010, 4(3): 475-480.

[4] Guillen M D, Ruiz A, Cabo N. Study of the oxidative degradation of farmed salmon lipids by means of Fourier transform infrared spectroscopy. Influence of salting [J]. Journal of the Science of Food and Agriculture, 2004, 84(12): 1528-1534.

[5] De Abreu D A P, Losada P P, Maroto J, et al. Lipid damage during frozen storage of Atlantic halibut (*Hippoglossus hippoglossus*) in active packaging film containing antioxidants [J]. Food Chemistry, 2011, 126(1): 315-320.

[6] Cai J, Chen Q, Wan X, et al. Determination of total volatile basic nitrogen (TVB-N) content and Warner-Bratzler shear force (WBSF) in pork using Fourier transform near infrared (FT-NIR) spectroscopy [J]. Food Chemistry, 2011, 126(3): 1354-1360.

[7] Salih A, Smith D, Price J, et al. Modified extraction 2-thiobarbituric acid method for measuring lipid oxidation in poultry [J]. Poultry Science, 1987, 66(9): 1483-1488.

[8] Farouk M M, Wieliczko K J, Merts I. Ultra-fast freezing and low storage temperatures are not necessary to maintain the functional properties of manufacturing beef [J]. Meat Science, 2004, 66(1): 171-179.

[9] Fernandez P P, Sanz P D, Molina-Garcia A D, et al. Conventional freezing plus high pressure-low temperature treatment: Physical properties, microbial quality and storage stability of beef meat [J]. Meat Science, 2007, 77(4): 616-625.

[10] Medina M, Antequera T, Ruiz J, et al. Quality characteristics of fried lamb nuggets from low-value meat cuts: Effect of formulation and freezing storage [J]. Food Science and Technology International, 2015, 21(7): 503-511.

[11] 姜晴晴, 刘文娟, 鲁珺, 等. 冻结与解冻处理对肉类品质影响的研究进展 [J]. 食品工业科技, 2015, 36(8): 384-389.

[12] Benjakul S, Bauer F. Biochemical and physicochemical changes in catfish (*Silurus glanis* Linne) muscle as influenced by different freeze-thaw cycles [J]. Food Chemistry, 2001, 72(2): 207-217.

[13] Boonsumrej S, Chaiwanichsiri S, Tantratian S, et al. Effects of freezing and thawing on the quality changes of tiger shrimp (*Penaeus monodon*) frozen by air-blast and cryogenic freezing [J]. Journal of Food Engineering, 2007, 80(1): 292-299.

[14] GB 2707—2005. 鲜(冻)畜肉卫生标准 [S]. 北京: 中国标准出版社, 2005.

[15] Pacquit A, Lau K T, Mclaughlin H, et al. Development of a volatile amine sensor for the monitoring of fish spoilage [J]. Talanta, 2006, 69(2): 515-520.

[16] Dhaouadi A, Monser L, Sadok S, et al. Validation of a flow-injection-gas diffusion method for total volatile basic nitrogen determination in seafood products [J]. Food Chemistry, 2007, 103(3): 1049-1053.

[17] Castro P, Padrón J C P, Cansino M J C, et al. Total volatile base nitrogen and its use to assess freshness in European sea bass stored in ice [J]. Food Control, 2006, 17(4): 245-248.

[18] Huang L, Zhao J, Chen Q, et al. Nondestructive measurement of total volatile basic nitrogen (TVB-N) in pork meat by integrating near infrared spectroscopy, computer vision and electronic nose techniques [J]. Food Chemistry, 2014, 145: 228-236.

[19] He H J, Wu D, Sun D-W. Non-destructive and rapid analysis of moisture distribution in farmed Atlantic salmon (*Salmo salar*) fillets using visible and near-infrared hyperspectral imaging [J]. Innovative Food Science & Emerging Technologies, 2013, 18: 237-245.

[20] Wu D, Shi H, Wang S, et al. Rapid prediction of moisture content of dehydrated prawns using online hyperspectral imaging system [J]. Analytica Chimica Acta, 2012, 726: 57-66.

[21] Howard D L, Kjaergaard H G. Influence of intramolecular hydrogen bond strength on OH-stretching overtones [J]. The Journal of Physical Chemistry A, 2006, 110(34): 10245-10250.

[22] Tarr A W, Zerbetto F. Absolute intensities of CH-stretching overtones in chloroform and deuterochloroform [J]. Chemical Physics Letters, 1989, 154(3): 273-279.

[23] Liu D, Liang L, Xia W, et al. Biochemical and physical changes of grass carp (*Ctenopharyngodon idella*) fillets stored at –3 and 0℃ [J]. Food Chemistry, 2013, 140(1-2): 105-114.

[24] GB2733—2005. 鲜、冻动物性水产品卫生标准[S]. 北京: 中国标准出版社, 2005.

[25] Talens P, Mora L, Morsy N, et al. Prediction of water and protein contents and quality classification of Spanish cooked ham using NIR hyperspectral imaging[J]. Journal of Food Engineering, 2013, 117(3): 272-280.

[26] Cheng J H, Sun D-W, Zeng X A, et al. Non-destructive and rapid determination of TVB-N content for freshness evaluation of grass carp (*Ctenopharyngodon idella*) by hyperspectral imaging[J]. Innovative Food Science & Emerging Technologies, 2014, 21: 179-187.

[27] Thanonkaew A, Benjakul S, Visessanguan W, et al. Yellow discoloration of the liposome system of cuttlefish (*Sepia pharaonis*) as influenced by lipid oxidation [J]. Food Chemistry, 2007, 102(1): 219-224.

[28] Yanishlieva N V, Marinova E M. Stabilisation of edible oils with natural antioxidants [J]. European Journal of Lipid Science and Technology, 2001, 103(11): 752-767.

[29] Rawdkuen S, Jongjareonrak A, Benjakul S, et al. Discoloration and lipid deterioration of farmed giant catfish (*Pangasianodon gigas*) muscle during refrigerated storage [J]. Journal of Food Science, 2008, 73(3): C179-C184.

[30] Kamruzzaman M, Elmasry G, Sun D-W, et al. Prediction of some quality attributes of lamb meat using near-infrared hyperspectral imaging and multivariate analysis [J]. Analytica Chimica Acta, 2012, 714: 57-67.

[31] Xiong Z, Sun D-W, Pu H, et al. Non-destructive prediction of thiobarbituricacid reactive substances (TBARS) value for freshness evaluation of chicken meat using hyperspectral imaging [J]. Food Chemistry, 2015, 179: 175-181.

[32] Liu D, Qu J, Sun D-W, et al. Non-destructive prediction of salt contents and water activity of porcine meat slices by hyperspectral imaging in a salting process [J]. Innovative Food Science & Emerging Technologies, 2013, 20: 316-323.

[33] Thanonkaew A, Benjakul S, Visessanguan W, et al. The effect of metal ions on lipid oxidation, colour and physicochemical properties of cuttlefish (*Sepia pharaonis*) subjected to multiple freeze–thaw cycles[J]. Food Chemistry, 2006, 95(4): 591-599.

[34] Lowe T, Ryder J, Carragher J, et al. Flesh quality in snapper, *Pagrcrs auratus*, affected by capture stress [J]. Journal of Food Science, 1993, 58(4): 770-773.

[35] Erikson U, Beyer A, Sigholt T. Muscle high-energy phosphates and stress affect K-values during ice storage of Atlantic salmon (*Salmo salar*) [J]. Journal of Food Science, 1997, 62(1): 43-47.

[36] Veciana-Nogues M, Izquierdo-Pulido M, Vidal-Carou M. Determination of ATP related compounds in fresh and canned tuna fish by HPLC [J]. Food Chemistry, 1997, 59(3): 467-472.

[37] Zogul F, Taylor K, Quantick P C, et al. A rapid HPLC-determination of ATP-related compounds and its application to herring stored under modified atmosphere [J]. International

Journal of Food Science & Technology, 2000, 35(6): 549-554.

[38] Sallam K I. Chemical, sensory and shelf life evaluation of sliced salmon treated with salts of organic acids [J]. Food Chemistry, 2007, 101(2): 592-600.

[39] Yokoyama Y, Sakaguchi M, Kawai F, et al. Changes in concentration of ATP-related compounds in various tissues of oyster during ice storage [J]. Bulletin of the Japanese Society of Scientific Fisheries (Japan), 1992, 58(11): 2125-2136.

[40] Gram L, Huss H H. Microbiological spoilage of fish and fish products [J]. International Journal of Food Microbiology, 1996, 33(1): 121-137.

[41] Howgate P. Kinetics of degradation of adenosine triphosphate in chill-stored rainbow trout (*Oncorhynchus mykiss*) [J]. International Journal of Food Science & Technology, 2005, 40(6): 579-588.

[42] Kilcast D. Shelf-life evaluation of foods [J]. International Journal of Food Science & Technology, 2001, 36(8): 856-856.

[43] Kurihara K, Kashiwayanagi M. Physiological studies on umami taste [J]. The Journal of Nutrition, 2000, 130(4): 931-934.

[44] Sivertsen A H, Heia K, Hindberg K, et al. Automatic nematode detection in cod fillets (*Gadus morhua* L.) by hyperspectral imaging [J]. Journal of Food Engineering, 2012, 111(4): 675-681.

[45] GB/T 9695.23—2008. 肉与肉制品羟脯氨酸含量测定[S]. 中国国家标准化管理委员会, 2008.

[46] Cheng J H, Qu J H, Sun D-W, et al. Visible/near-infrared hyperspectral imaging prediction of textural firmness of grass carp (*Ctenopharyngodon idella*) as affected by frozen storage[J]. Food Research International, 2014, 56: 190-198.

[47] Elmasry G, Sun D-W, Allen P. Non-destructive determination of water-holding capacity in fresh beef by using NIR hyperspectral imaging [J]. Food Research International, 2011, 44(9): 2624-2633.

[48] Ehira S. A Biochemical Study on the Freshness of Fish [M]. Tokai: Bulletin of Tokai Regional Fisheries Research Laboratory, 1976.

第7章 肉品微生物污染高光谱成像检测

7.1 引　言

由于畜禽肉中富含水分、蛋白质、脂肪等营养成分以及表面所带的细菌，在生鲜肉储藏、加工、运输、销售过程中，容易发生微生物污染和繁殖，引起品质下降。微生物腐败是肉品新鲜度评价的重要标准之一，肉品中的微生物含量与肉品腐败过程的新鲜度指标 K 值、TBARS 值、TVB-N 值、三甲胺（trimethylamine，TMA）值、水分和 pH 等都有直接或间接的联系[1]。微生物的生长与繁殖不仅会加快肉品变质的速度，而且会破坏肉品营养、产生有毒物质，对人体的健康造成危害[2]。微生物菌落总数（total viable counts，TVC）是评价肉品新鲜度品质的一个常用指标，也是食品腐败过程安全性指标检验的规定项目。对食品样品进行卫生学评价时，菌落总数往往具有重要意义[3]。菌落总数在微生物学检验国家标准中被定义为，食品检样经过处理，在一定条件（如培养基成分、培养基温度和时间、pH、需氧性质等）培养后，所得 1 mL 检样中所含菌落的总数。事实上，并非所有微生物都能在该培养条件下生长，所以这一检验结果并不是检样中所有的细菌数量。细菌种类多种多样，营养需求千差万别，最适生长条件各不相同，在测定方法所规定的培养条件下生长的仅仅是一部分能在营养琼脂上生长的适中温性需氧细菌。其他对营养和生长条件较为苛刻的或活力较弱不能在固体培养基上发育的细胞不能被检出，故菌落总数并非细菌总数。菌落总数的意义在于它是评判食品被污染程度的标志，能反映微生物在食品中繁殖的动态[4]。一般而言，当TVC 超过 10^7CFU/g 时，意味着肉品开始失去食用价值，对消费者来说是一个临界值，这个过程中可能会产生一些有毒物质，一旦食用会引起身体危害及健康问题[5]。其最简单的表现形式，也就是肌肉腐败最明显的标志是促进了微生物的生长，在这种情况下，很明显地，TVC 值和肉品的腐败过程有着直接的关系[1]。

微生物污染很容易引起食源性疾病的发生和消费者健康问题[6]。在食品生产、加工、流通、零售、储藏等过程中，一些潜在的微生物如沙门氏菌（*Salmonella enterica*）、金黄色葡萄球菌（*Staphylococcus aureus*）、致病的大肠杆菌（*Escherichia coli*）、李斯特菌（*Listeria monocytogenes*）、梭状芽孢杆菌（*Clostridium* spp.）、志贺氏菌（*Shigella* spp.）等都能够危害和污染食品，占到了食源性疾病暴发的 42%左右[7]。其中，大肠杆菌（*E. coli*）是一种杆状、革兰氏阴性、碱性厌氧型、不能形成孢子的常见细菌[3]。*E. coli* O157：H7 是一种肠道致病菌，经常以食品和水源污染为载体引起食源性疾病，主要包括出血性腹泻、溶血性尿毒综合征和出血性结肠炎[3]。因此，加强微生物污染的检测和控制是企业和政府部门刻不容缓的责任。近年来，为了降低食源性微生物污染带来的疾病的暴发，一些规章制度和风险管理系统如良好卫生规范（GHP）、良好操作规范（GMP）、良好农业规范（GAP）以及危害分析和关键控制点（HACCP）都用来监控生产安全的食品[8]。然而这些食品安全体系没有很好地定量分析危害的程度。为了消除因微生物危害带来的消费者的疑虑，迫切需要开发新型快速的微生物检测技术来确保食品安全。细胞培养和平板计数法作为一种基本的评价方法已经广泛用于检测食源性微生物[7,9,10]。然而，这种方法费力费时，2～3 天拿到初步结果，7～10 天才能确认结果，在现代工业应用中明显很不方便[11]。免疫学方法如抗原-抗体作用技术已经成功用于检测微生物细胞、孢子、病毒和毒素，抗体-抗原结合法已经广泛用于测定食源性病原菌[12]。然而这些技术表现出实验测定的低灵敏度、抗体对病原菌的低亲和力[13]。涉及 DNA 分析的聚合酶链式反应（PCR）也常用来检测食品病原菌，但是目前普遍认为这种技术价格昂贵，样品前处理烦琐，需要专业操作人员进行管理和控制，不适宜用在工业化生产中[11]。高光谱成像技术在食品安全微生物腐败检测领域也得到了开拓性应用，主要体现在谷物微生物污染[14]，果蔬微生物污染[6]，肉品微生物污染主要涉及猪肉[15-17]、牛肉[18,19]、鸡肉[20-22]、三文鱼肉[23,24]等。本研究借助不同波长范围的高光谱成像技术和化学计量学算法来测定和评价微生物污染状态，为肉品微生物污染提供一种快速无损检测方法。

7.2　虾肉菌落总数高光谱成像检测

7.2.1　TVC 传统测定

虾肉腐败过程中 TVC 的测定按照下面的步骤进行。

（1）称取 23.50 g 平板计数琼脂溶于 1 L 的蒸馏水并煮沸制备培养基。

（2）称取 8.50 g 氯化钠溶于 1 L 蒸馏水，制备生理盐水。

（3）确定稀释倍数后，取一定量的试管，在试管中加入 9 mL 生理盐水，盖硅胶塞，7 支一扎用牛皮纸包好灭菌；取 5 个 500 mL 锥形瓶，加入适量沸石，再加入 90 mL 生理盐水，盖棉塞，用牛皮纸包好灭菌；取 4 个 500 mL 锥形瓶，分装平板计数琼脂培养基，每瓶装 250 mL，盖棉塞，用牛皮纸包好灭菌；将适量培养皿 9 个一组用报纸包好灭菌；将适量培养皿 9 个一组用报纸包好灭菌；将 1 mL 移液枪枪头放入枪盒，用报纸包好灭菌，所有灭菌条件为 121℃灭菌 15 min。

（4）将鱼肉样品在（4±1）℃冷库恒温保存 10 天，取出第 0 天、第 5 天、第

10 天的样品进行肠杆菌科检测，其中第 0 天的样品为鲜肉样品。

（5）微生物实验操作在净化工作台中进行，先将所需培养皿、试管、锥形瓶、1 mL 移液枪、酒精灯、漩涡混合器、电子天平、高速万能粉碎机等放入净化工作台中用紫外线灭菌 30 min。

（6）将鱼肉放入高速万能粉碎机中打碎 45 s，取出 10.00 g 碎肉放入有生理盐水的锥形瓶中搅拌，使其均质。

（7）用乙醇清洗高速万能粉碎机并灼烧，使粉碎机中无菌，防止交叉感染，待粉碎机冷却后重复操作。

（8）将均质的肉液稀释至相应的倍数并接种，之后用倒平板法倒入培养基。

（9）将培养基冷却的培养皿放入生化培养箱中 30℃恒温培养（72±3）h，随后计数。

训练集和预测集共 120 个虾仁样本在冷藏期间的微生物总数变化如表 7-1 所示。在 0～6 天的冷藏期间，虾仁的微生物总数从 2.63 $\log_{10}$ CFU/g 逐步变化到 8.23 $\log_{10}$ CFU/g，能够反映虾仁从新鲜到腐败的过程。图 7-1 中，0～2 天冷藏期间微生物菌落总数增长较缓；当冷藏时间达到 2～4 天时，菌落总数快速增长；随着冷藏时间进一步延长，菌落总数增长速度减缓。这与 Huang 在快速检测猪肉中微生物总数研究中控制组的实验结果一致[25]。训练集和预测集样本的微生物总数的均值都低于国标规定水产品腐败微生物标准（7 $\log_{10}$ CFU/g），说明在 0～6 天的冷藏时间内，大部分虾仁是可食用的，但也有极个别的虾仁微生物超标。此外，训练集的菌落总数从 2.63 $\log_{10}$ CFU/g 增加到 8.23 $\log_{10}$ CFU/g，如此大的变化范围有利于建立一个稳健和准确的模型。此外，预测集的菌落总数变化范围被包含在训练集变化范围之内，这有利于提高模型的预测精度。

表 7-1　训练集和预测集虾仁样本的菌落总数 $\log_{10}$ CFU/g 变化统计

Table 7-1　Reference results of TVC contents both in traning set and prediction set

样本	最小值	最大值	均值	标准差
训练集	2.63	8.23	5.27	1.21
预测集	3.21	8.20	5.36	1.40

7.2.2 TVC 高光谱测定

图 7-2 显示了冷藏期间虾仁样本在 400～1000 nm 光谱范围所对应的光谱变化。由此图可以看出，在 2.63～8.23 $\log_{10}$ CFU/g，随着菌落总数的增加，其相应区域的光谱反射率明显上升。这一方面是由于虾仁体表和体内的微生物随着冷藏时间的延长而不断繁殖，从而引起虾仁化学成分发生变化；另一方面是由于冷藏

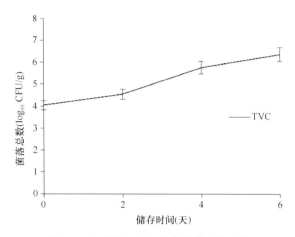

图 7-1 冷藏期间虾仁菌落总数平均变化

Figure 7-1 The variation of TVC contents in prawns during cold storage

期间虾仁体内水分不断流失而减少了光谱吸收。通过观察虾仁光谱反射率值，4 条光谱曲线呈现出相似的形状，并在 575 nm、810 nm 和 970 nm 处附近出现明显峰值。其中 575 nm 是检测高铁肌红蛋白的特征波长。810 nm 处的高反射率可能是受到蛋白质分子结构中 C—H 键和水分子结构中 O—H 键的伸缩振动倍频吸收的影响。970 nm 附近的峰值则主要是虾仁水分中 O—H 键伸缩振动的二级倍频吸收引起的。

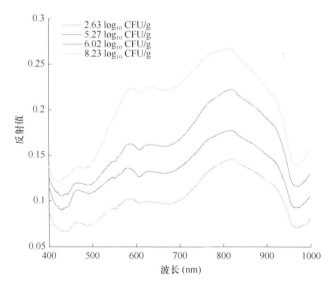

图 7-2 虾仁不同菌落总数所对应的平均光谱（另见彩图）

Figure 7-2 Average spectra features of the tested prawns with different TVC contents

为了消除光谱获取过程中的系统误差以及随机误差带来的干扰，分别使用

S-G 平滑、MSC 和 SNV 3 种预处理方法对原始光谱进行预处理。为了选出最优的预处理方法，将原始光谱与经过不同预处理后的光谱作为自变量，其对应虾仁的菌落总数作为因变量，建立 PLSR 模型。基于不同预处理光谱建立 PLSR 模型的建模与预测效果如表 7-2 所示。从表中可以看出，原始光谱经过不同方法预处理后，PLSR 模型呈现出不同的效果。与原始光谱相比，基于 S-G 平滑和 SNV 预处理数据建立的模型预测效果均有不同程度的降低。MSC 预处理后的光谱所建模型最优，其 R_P 为 0.95，RMSEP 为 0.40。因此，将全部样本的光谱数据用 MSC 进行预处理，以便后续分析。

表 7-2　不同预处理方法建立的微生物总数 PLSR 模型建模与预测结果

Table 7-2　Performance of PLSR models using different pretreated spectra for TVC prediction

预处理	潜在变量	校正集		预测集	
		R_C	RMSEC	R_P	RMSEP
Raw	20	0.98	0.130	0.94	0.41
S-G 平滑	20	0.98	0.217	0.93	0.45
MSC	17	0.99	0.129	0.95	0.40
SNV	15	0.97	0.299	0.91	0.52

本研究采用 SPA 进行光谱变量选择。经 SPA 选出的 12 个特征波段分别为 414 nm、426 nm、438 nm、446 nm、466 nm、492 nm、512 nm、533 nm、564 nm、674 nm、730 nm 和 780 nm。这些波段几乎覆盖了整个光谱范围，这意味着所选出的特征波段在最大限度去除冗余信息的同时保留了对预测菌落总数最敏感的信息。其中 414 nm、426 nm、438 nm、446 nm 和 466 nm 所处的 410~460 nm 及 510~560 nm 光谱范围在图 7-2 中也表现出较大的波动，这一区域也被 Cheng 和 Sun 在鱼肉菌落总数变化的研究中选为特征区域[26]。但目前解释这一区域光谱变化的研究和报道很少。特征波段 939 nm 可能与虾肉中的主要成分水对光谱的吸收有关。

为了避免从每个波长的灰度图像中提取纹理变量，同时确保图像信息损失最小，本研究首先对高光谱图像进行主成分分析，提取并保存能解释 99% 以上的原始图像信息的前 3 个主成分图像，图 7-3（a）、（b）分别为拥有最低菌落总数的虾和最高菌落总数的虾的前 3 个主成分图像。再采用灰度共生矩阵从这些主成分图像中提取出 8 个纹理变量，得到 24（变量数）×120（样本数）个纹理变量矩阵。

分别基于特征波长光谱、图像纹理变量、特征波长光谱+图像纹理变量，采用 PLSR、RBF-NN 和 LS-SVM 建立虾仁菌落总数预测模型，其模型预测结果如表 7-3 所示。

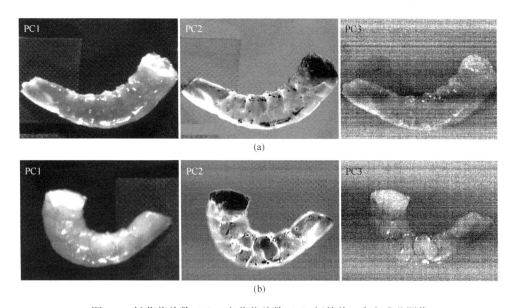

PC1　　PC2　　PC3

(a)

PC1　　PC2　　PC3

(b)

图 7-3　低菌落总数（a）、高菌落总数（b）虾的前 3 个主成分图像

Figure 7-3　The first three PC images of prawns with low TVC（a）and high TVC（b）

表 7-3　基于 3 种自变量的虾仁菌落总数建模与预测结果统计

Table 7-3　Performances of three models for predicting TVC contents of prawns

变量	模型	训练集		预测集	
		R_C	RMSEC	R_P	RMSEP
特征波长	PLSR	0.99	0.130	0.92	0.410
	RBF-NN	0.98	0.001	0.90	0.477
	LS-SVM	0.99	0.050	0.94	0.445
纹理变量	PLSR	0.75	0.626	0.71	0.694
	RBF-NN	0.94	0.002	0.70	0.617
	LS-SVM	0.79	0.180	0.74	0.249
特征波长光谱+ 图像纹理变量	PLSR	0.98	0.134	0.94	0.413
	RBF-NN	0.97	0.010	0.91	0.443
	LS-SVM	0.97	0.045	0.95	0.437

　　对比特征波长光谱与图像纹理变量，特征波长光谱的模型效果要明显优于图像纹理变量模型，这可能是因为微生物作用引起的内部成分变化要大于外部纹理变化。由于融合了光谱特征和图像特征，基于特征波长光谱+图像纹理变量建立的 3 种模型均取得了较为满意的预测结果（$R_P \geqslant 0.91$，RMSEP $\leqslant 0.443$），且略优于特征波长光谱模型。通过比较 3 种方法所建模型效果，LS-SVM 为预测虾仁菌落总数的最优建模方法。其中基于特征波长光谱+图像纹理变量建立的 LS-SVM 模型，其 R_C 达 0.97，RMSEC 0.045，R_P 为 0.95，RMSEP 为 0.437。

7.3 鱼肉菌落总数高光谱成像检测

7.3.1 TVC 传统测定

基于采用传统的平板计数法所测得的微生物腐败 TVC 值的变化从 4.880 $\log_{10}$CFU/g 增加到 10.440 $\log_{10}$CFU/g，如表 7-4 所示。这样提供了一个鱼肉腐败过程合理的变化范围可以描述从新鲜到可感知的腐败阶段。

表 7-4 利用传统方法测量的 TVC 值和 *E. coli* 菌落数目（$\log_{10}$CFU/g）

Table 7-4 Reference values of TVC and *E. coli* loads measured by traditional plating method

统计值	校正集		预测集	
	TVC 值	*E. coli* 菌落数目	TVC 值	*E. coli* 菌落数目
样品数量	80	106	40	54
最小值	4.880	4.110	4.920	4.230
最大值	10.440	10.020	10.390	9.980
平均值	7.650	7.113	7.660	7.125
标准偏差	1.890	1.637	1.850	1.673
范围	5.570	5.910	5.480	5.750

7.3.2 TVC 高光谱测定

图 7-4 展示了冷藏过程不同 TVC 值的草鱼肉平均光谱变化特性。从图 7-4 可以看出，当 TVC 值（4.890 $\log_{10}$CFU/g 和 6.080 $\log_{10}$CFU/g）比腐败阈值（7 $\log_{10}$CFU/g）低时，这意味着鱼片样品是新鲜的和可以接受的。它们的光谱变化规律相似，光谱反射值也没有出现明显的起伏波动。然而，当 TVC 值超过菌落总数阈值时，很明显可以看出光谱反射值出现较大的波动，幅度呈现较大范围的纵向移动。

表 7-5 列出了利用全波长采用 MSC 光谱预处理技术后建立的 PLSR 和 LS-SVM 模型预测冷藏过程中草鱼片 TVC 值的性能分析情况。从表 7-5 可以看出，PLSR 模型表现出不错的预测能力，模型评价指标 RPD = 3.795、R^2_C = 0.942、R^2_{CV} = 0.931、R^2_P = 0.927，对应的均方根误差 RMSEs 分别为 0.447 $\log_{10}$CFU/g、0.488 $\log_{10}$CFU/g、0.502 $\log_{10}$CFU/g 以及它们之间的绝对偏差分别为 0.041 $\log_{10}$CFU/g、0.055 $\log_{10}$CFU/g、0.014 $\log_{10}$CFU/g。根据 Williams[27]对校正模型性能评价分析标准描述，R^2 位于 0.820～0.900，通常认为模型具有不错的性能；R^2 低于 0.820 表明模型性能较差；R^2 大于 0.900 表明模型性能优秀。对于 RPD 值，RPD 小于 1.5 时，表明模型不能被接受；当 RPD 值大于 3.0 时，表明模型性能良好，是可以接受的。因此，可以

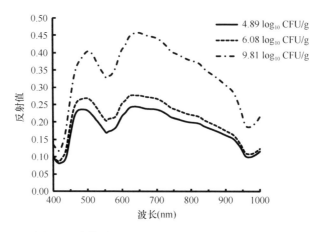

图 7-4 冷藏过程不同 TVC 值的草鱼肉平均光谱图

Figure 7-4　Average spectra of grass carp fillet based on TVC value

断定用 PLSR 模型预测冷藏鱼片的 TCV 值是可以接受的，具有较好的预测性能。另外，采用 LS-SVM 建立的预测模型表现出比 PLSR 模型较好的预测能力，在 RPD、R^2_C、R^2_{CV}、R^2_P 上分别提高了 0.096、0.006、0.001、0.004，相应的均方根误差也分别降低了 0.023 $\log_{10}CFU/g$、0.012 $\log_{10}CFU/g$、0.017 $\log_{10}CFU/g$。事实上，根据模型评价标准，采用 PLSR 和 LS-SVM 两种算法建立的分析模型都表现出较高的预测效力，这一点也被其他相关研究所证实。Feng 等[21]利用高光谱成像技术和 PLSR 分析模型测定了鸡肉储藏过程中假单胞杆菌数目的变化，相关系数 R 大于 0.810。Barbin 等[16]采用高光谱成像技术结合 PLSR 预测了猪肉储藏过程中 TVC 值和嗜冷菌菌落总数的变化，也取得了不错的预测效果，其 R^2 分别为 0.860 和 0.890。He 等[23]采用同样的技术结合 LS-SVM 定量模型成功分析了三文鱼片腐败过程乳酸菌的变化，预测决定系数 R^2_P 为 0.929。

表 7-5　利用高光谱成像技术预测草鱼片储藏过程 TVC 值变化统计分析结果

Table 7-5　Statistic results of TVC value prediction in grass carp fillet by hyperspectral imaging

模型	变量数目	潜在变量	校正集		交互验证集		预测集		
			R^2_C	RMSEC	R^2_{CV}	RMSECV	R^2_P	RMSEP	RPD
PLSR	381	8	0.942	0.447	0.931	0.488	0.927	0.502	3.795
LS-SVM	381	/	0.948	0.424	0.932	0.476	0.931	0.485	3.891
SPA-PLSR	7	4	0.924	0.511	0.901	0.587	0.903	0.572	3.132
SPA-LS-SVM	7	/	0.936	0.468	0.902	0.581	0.918	0.529	3.163

　　在本节研究中，利用 SPA 在全波长范围内挑选带有大量有用信息的最佳波长。结果表明，基于 SPA 分析，选择了 7 个不同的波长分别为 410 nm、488 nm、553 nm、

665 nm、750 nm、825 nm 和 960 nm 作为最佳波长，用于后续的模型优化及 TVC 值的预测。所选择的最佳波长基本覆盖了整个波长范围，并且含有最少量的冗余信息。同时，它们主要分布在可见波长范围内，如 410 nm、488 nm、553 nm、665 nm 和 750 nm。另外，因为水是鱼肉里主要的成分，所以在 960 nm 左右的最佳波长是受水的吸收影响。另外一个在 825 nm 左右的吸收峰极大可能是与蛋白质、脂质及其他有机成分中的 C—H 键和 N—H 键有关。与全波长范围内的建模方法类似，基于 SPA 筛选出的关键波长，PLSR 和 LS-SVM 方法相应地转化成 SPA-PLSR 和 SPA-LS-SVM 方法，并且根据所选择的 7 个最佳波长所携带的光谱数据，建立一个新型的鱼肉新鲜度菌落总数的预测模型，相关数据见表 7-5。

根据 SPA-PLSR 和 SPA-LS-SVM 模型，R^2_C、R^2_{CV}、R^2_P、RPD 的数值分别为 0.924、0.901、0.903、3.132 和 0.936、0.902、0.918、3.163，略小于全波长建模的相应数据，相对应的均方根误差（RMSEC、RMSECV、RMSEP）分别为 0.511 $\log_{10}$CFU/g、0.587 $\log_{10}$CFU/g、0.572 $\log_{10}$CFU/g 和 0.468 $\log_{10}$CFU/g、0.581 $\log_{10}$CFU/g、0.529 $\log_{10}$CFU/g，略大于全波长建模相应数据。因此，对于鱼肉 TVC 值建模分析，全波长建模要略优于选取的最佳波长建模效果。另外，很容易发现，SPA-PLSR 模型的预测效果没有 SPA-LS-SVM 模型的效果好，SPA-LS-SVM 有着更大的决定系数和更小的均方根平方差。因此，SPA-LS-SVM 被认为是评价鱼肉新鲜度 TVC 值的最佳模型。为了建立基于特征波长的线性预测回归模型，本研究中采用 SPA-PLSR 作为最终输出模型建立腐败过程草鱼片微生物污染的线性回归方程如下：

$$Y_{TVC}=5.700-16.310X_{410\,nm}-30.670X_{488\,nm}+34.540X_{553\,nm}-23.370X_{665\,nm}+245.290X_{750\,nm}$$
$$-207.650X_{825\,nm}-23.290X_{960\,nm} \tag{7-1}$$

式中，$X_{i\,nm}$ 为在波长 i nm 处的光谱反射值；Y_{TVC} 为预测值。通过建立的预测方程，可以预测类似条件下的草鱼片微生物的污染情况。

总而言之，采用最优波长建立的优化后的模型展现出与全波长下模型等效的预测效力和精确度，也证实了采用特征波长代替全波长来发展多光谱成像系统实现工业化的在线应用是完全可行的。

7.4 鱼肉 *E. coli* 菌落高光谱成像检测

7.4.1 *E. coli* 菌落传统测定

E. coli 菌群测定按照以下步骤进行。

（1）称取 41.50 g 结晶紫中性红胆盐琼脂溶于 1 L 的蒸馏水并煮沸制备培养基。

（2）称取 8.50 g 氯化钠溶于 1 L 蒸馏水，制备生理盐水。

（3）确定稀释倍数后，取一定量的试管，在试管中加入 9 mL 生理盐水，盖硅胶塞，7 支一扎用牛皮纸包好灭菌；取 5 个 500 mL 锥形瓶，加入适量沸石，再加入 90 mL 生理盐水，盖棉塞，用牛皮纸包好灭菌；取 4 个 500 mL 锥形瓶，分装结晶紫中性红胆盐琼脂培养基，每瓶装 250 mL，盖棉塞，用牛皮纸包好灭菌；将适量培养皿 9 个一组用报纸包好灭菌；将 1 mL 移液枪枪头放入枪盒，用报纸包好灭菌，所有灭菌条件为 121℃灭菌 15 min。

（4）将鱼肉样品在 4℃冷藏条件下储藏 9 天，每隔 3 天取出样品进行测定，分别取 3 天、6 天、10 天的样品进行肠杆菌科检测，其中第 0 天的样品为鲜肉样品。

（5）微生物实验操作在净化工作台中进行，先将所需培养皿、试管、锥形瓶、1 mL 移液枪、酒精灯、漩涡混合器、电子天平、高速万能粉碎机等放入净化工作台中用紫外线灭菌 30 min。

（6）将鱼肉放入高速万能粉碎机中打碎 45 s，取出 10.00 g 碎肉放入有生理盐水的锥形瓶中搅拌，使其均质。

（7）用乙醇清洗高速万能粉碎机并灼烧，使粉碎机中无菌，防止交叉感染，待粉碎机冷却后重复操作。

（8）将均质的肉液稀释至相应倍数并接种，之后用倒平板法倒入培养基。

（9）将培养基冷却的培养皿放入生化培养箱中 37℃恒温培养（48±2）h，然后计数。

基于采用传统的平板计数法所测得的 *E. coli* 菌落数目从 4.110 $\log_{10}$CFU/g 增加到 10.020 $\log_{10}$CFU/g（表 7-4）。这样提供了一个鱼肉腐败过程合理的变化范围可以阐述从新鲜到可感知的腐败阶段。

7.4.2　*E. coli* 菌落高光谱测定

图 7-5 展示了冷藏过程不同 *E. coli* 菌落数的草鱼肉平均光谱变化特性。从图 7-5 可以看出，当 *E. coli* 菌落数值等于 4.240 $\log_{10}$CFU/g 和 6.470 $\log_{10}$CFU/g 时，此时对应的平均光谱曲线在 400～1000 nm 呈现相同变化趋势。当 *E. coli* 菌落数值等于 8.480 $\log_{10}$CFU/g 时，此时的光谱曲线出现较大差异，发生纵向移动。

表 7-6 阐述了利用高光谱成像技术基于全波长建立的 PLSR 分析模型的性能表现。从表 7-6 可以看出，不管光谱预处理与否，PLSR 模型都表现出不错的预测性能，R^2 大于 0.870，RPD 大于 5.000。当经过 MSC 光谱预处理后，MSC-PLSR 模型的预测能力有所提高，决定系数（R^2_C、R^2_{CV}、R^2_P）分别变化了 1.812%、–0.682%、0.917%，相应的均方根误差（RMSEs）分别变化了 –7.059%、2.682%、–1.504%。

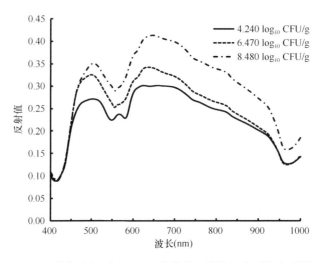

图 7-5　冷藏过程不同 *E. coli* 菌落数目的草鱼肉平均光谱图

Figure 7-5　Average spectra of grass carp fillet based on *E. coli* loads

表 7-6　利用高光谱成像技术预测冷藏鱼片 *E. coli* 值（$\log_{10}$CFU/g）统计分析结果

Table 7-6　Prediction results of *E. coli* loads（$\log_{10}$CFU/g）in fish fillet by hyperspectral imaging

模型	变量数目	潜在变量	校正集		交互验证集		预测集		RPD
			R^2_C	RMSEC	R^2_{CV}	RMSECV	R^2_P	RMSEP	
PLSR	381	7	0.883	0.255	0.880	0.261	0.872	0.266	5.380
MSC-PLSR	381	7	0.899	0.237	0.874	0.268	0.880	0.262	5.470
RC-PLSR	6	4	0.875	0.263	0.856	0.286	0.844	0.297	4.810
RC-MLR	6	—	0.887	0.246	0.868	0.270	0.870	0.274	5.220

RPD 值也从 5.380 提高到 5.470。这说明，在一定程度上，光谱值经过 MSC 光谱预处理可以提高预测模型的表现力。同样地，Tao 等[15]利用高光谱散射成像技术（400～1100 nm）结合洛伦兹分布函数（Lorentzian distribution function）预测猪肉中的 *E. coli* 的污染情况，但是效果较差（$R^2_{CV} = 0.707$）。为了提高预测性能，Tao 和 Peng[28]选择了另外一种函数算法，采用冈珀兹函数（Gompertz function），预测效果有所提高，R^2_{CV} 在原有基础上提升了 0.174。在另外一项研究中，Feng 和 Sun[20]利用近红外高光谱成像技术（910～1700 nm）测定鸡肉中 TVC 值的变化情况，PLSR 定量模型产生了优良的性能，RPD = 2.600、$R^2_{CV} = 0.865$、RMSECV = 0.570 $\log_{10}$CFU/g。之后，Feng 和 Sun[21]采用同样的技术和分析方法也成功地预测了鸡肉中假单胞菌（*Pseudomonas* loads）的分布，但是 PLSR 模型表现力较差，其 $R^2_P = 0.656$、RMSEP = 0.800 $\log_{10}$CFU/g。Wu 和 Sun[24]采用可见近红外高光谱成像技术（400～1700 nm）结合 LS-SVM 来预测三文鱼片腐败过程中 TVC 值的变化，预测效果比较理想，RPD = 5.090、$R^2_P = 0.961$、RMSEP = 0.290 $\log_{10}$CFU/g。

　　结合本研究内容可以发现，高光谱成像技术结合模型回归算法可以定量测定微生物的污染情况，然而，光谱的波段范围不一样，采用的化学计量学算法不一样，模型的性能表现出一定的差异。基于特征波长的分析，在本研究中，采用 RC 算法在全波长范围内选择带有大量有用信息的最佳波长。图 7-6 展示了所选择的 6 个关键波长分别为 424 nm、451 nm、545 nm、567 nm、585 nm 和 610 nm。

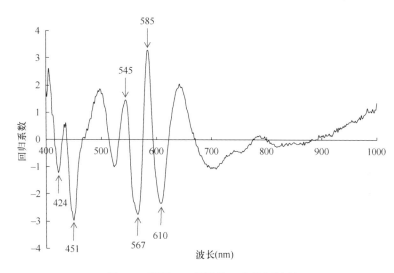

图 7-6　采用 RC 筛选的 6 个特征波长

Figure 7-6　Selection of six optimal wavelengths by the regression coefficients method

　　从选择的重要波长来看，特征波长全部集中在 450～650 nm 波段区域内，也就是说主要位于可见光部分，可能是 *E. coli* 菌落数目的变化与可见光区域关联更大，也就是 *E. coli* 的繁殖会引起鱼肉物理特性如颜色的大幅度变化，也可能是 *E. coli* 活动引起了有机化合物色素如虾青素和特殊蛋白质的变化。表 7-6 列出了基于最优波长建立的 PLSR 模型的预测性能分析。很明显可以观察到，变量数据从 381 个降到了 6 个构建了一个简易的 PLSR 模型，同时节约了约 98.4%的计算时间。据此可以推断出利用 6 个最为有效的光谱波长可以预测和定量分析草鱼片中 *E. coli* 的数目。另外，有意思地发现，指示 *E. coli* 污染的敏感波长主要集中在可见光区域，这样可以使原来的光谱波长范围缩短到 400～700 nm，可以降低成像系统的难度。简化的 RC-MLR 模型与 RC-PLSR 模型相比，表现出较优的预测效力和稳健性（R^2_P = 0.870、RPD = 5.220、RMSEP = 0.274 $\log_{10}$CFU/g），这也证实了在变量数目少的情况下，采用 MLR 建模比 PLSR 更有优势。基于 MLR 线性回归分析，建立的预测 *E. coli* 污染的定量分析方程如下：

$$Y = 9.122 + 17.854X_{424\,nm} - 5.391X_{451\,nm} - 76.274X_{545\,nm} + 75.083X_{567\,nm} - 20.660X_{585\,nm}$$
$$+ 7.026X_{610\,nm}$$

$$(7\text{-}2)$$

式中，$X_{i\,nm}$ 表示在波长为 i nm 处的光谱反射值；Y 表示 *E. coli* 数量的预测值。尽管根据所得数据已经证实利用 6 个特征波长来代替全波长可以简化成像系统和节约大量计算时间，然而，模型的可靠性和稳定性还较低，实现在线快速无损检测的准确度还较低，还需要继续增加建立模型的样品数量和选择更为有效的建模算法提高预测 *E. coli* 数量的精确度和准确度。

主要参考文献

[1] Gram L, Dalgaard P. Fish spoilage bacteria-problems and solutions [J]. Current Opinion in Biotechnology, 2002, 13(3): 262-266.

[2] Koutsoumanis K, Nychas G J E. Application of a systematic experimental procedure to develop a microbial model for rapid fish shelf life predictions [J]. International Journal of Food Microbiology, 2000, 60(2): 171-184.

[3] Cassin M H, Lammerding A M, Todd E C, et al. Quantitative risk assessment for *Escherichia coli* O157: H7 in ground beef hamburgers [J]. International Journal of Food Microbiology, 1998, 41(1): 21-44.

[4] Digre H, Erikson U, Aursand I G, et al. Rested and stressed farmed Atlantic cod (*Gadus morhua*) chilled in ice or slurry and effects on quality [J]. Journal of Food Science, 2011, 76(1): 89-100.

[5] Ellis D I, Goodacre R. Rapid and quantitative detection of the microbial spoilage of muscle foods: Current status and future trends [J]. Trends in Food Science & Technology, 2001, 12(11): 414-424.

[6] Siripatrawan U, Makino Y, Kawagoe Y, et al. Rapid detection of *Escherichia coli* contamination in packaged fresh spinach using hyperspectral imaging [J]. Talanta, 2011, 85(1): 276-281.

[7] Yeni F, Acar S, Polat G, et al. Rapid and standardized methods for detection of foodborne pathogens and mycotoxins on fresh produce [J]. Food Control, 2014, 40: 359-367.

[8] Balzaretti C M, Marzano M A. Prevention of travel-related foodborne diseases: Microbiological risk assessment of food handlers and ready-to-eat foods in northern Italy airport restaurants [J]. Food Control, 2013, 29(1): 202-207.

[9] Andritsos N D, Mataragas M, Paramithiotis S, et al. Quantifying *Listeria monocytogenes* prevalence and concentration in minced pork meat and estimating performance of three culture media from presence/absence microbiological testing using a deterministic and stochastic approach [J]. Food Microbiology, 2013, 36(2): 395-405.

[10] Ng Y F, Wong S L, Cheng H L, et al. The microbiological quality of ready-to-eat food in Siu Mei and Lo Mei shops in Hong Kong [J]. Food Control, 2013, 34(2): 547-553.

[11] Velusamy V, Arshak K, Korostynska O, et al. An overview of foodborne pathogen detection: In the perspective of biosensors [J]. Biotechnology Advances, 2010, 28(2): 232-254.

[12] Iqbal S S, Mayo M W, Bruno J G, et al. A review of molecular recognition technologies for detection of biological threat agents [J]. Biosensors and Bioelectronics, 2000, 15(11): 549-578.

[13] Meng J, Doyle M P. Introduction. Microbiological food safety [J]. Microbes and Infection, 2002, 4(4): 395-397.

[14] Del Fiore A, Reverberi M, Ricelli A, et al. Early detection of toxigenic fungi on maize by hyperspectral imaging analysis [J]. International Journal of Food Microbiology, 2010, 144(1): 64-71.

[15] Tao F, Peng Y, Li Y, et al. Simultaneous determination of tenderness and *Escherichia coli* contamination of pork using hyperspectral scattering technique [J]. Meat Science, 2012, 90(3): 851-857.

[16] Barbin D F, Elmasry G, Sun D-W, et al. Non-destructive assessment of microbial contamination in porcine meat using NIR hyperspectral imaging [J]. Innovative Food Science & Emerging Technologies, 2013, 17: 180-191.

[17] Ma F, Yao J, Xie T, et al. Multispectral imaging for rapid and non-destructive determination of aerobic plate count (APC) in cooked pork sausages [J]. Food Research International, 2014, 62: 902-908.

[18] Peng Y, Zhang J, Wang W, et al. Potential prediction of the microbial spoilage of beef using spatially resolved hyperspectral scattering profiles [J]. Journal of Food Engineering, 2011, 102(2): 163-169.

[19] Panagou E Z, Papadopoulou O, Carstensen J M, et al. Potential of multispectral imaging technology for rapid and non-destructive determination of the microbiological quality of beef filets during aerobic storage [J]. International Journal of Food Microbiology, 2014, 174: 1-11.

[20] Feng Y Z, Sun D-W. Determination of total viable count (TVC) in chicken breast fillets by near-infrared hyperspectral imaging and spectroscopic transforms [J]. Talanta, 2013, 105: 244-249.

[21] Feng Y Z, Sun D-W. Near-infrared hyperspectral imaging in tandem with partial least squares regression and genetic algorithm for non-destructive determination and visualization of Pseudomonas loads in chicken fillets [J]. Talanta, 2013, 109: 74-83.

[22] Feng Y Z, Elmasry G, Sun D-W, et al. Near-infrared hyperspectral imaging and partial least squares regression for rapid and reagentless determination of Enterobacteriaceae on chicken fillets [J]. Food Chemistry, 2013, 138(2): 1829-1836.

[23] He H J, Sun D-W, Wu D. Rapid and real-time prediction of lactic acid bacteria (LAB) in farmed salmon flesh using near-infrared (NIR) hyperspectral imaging combined with chemometric analysis [J]. Food Research International, 2014, 62: 476-483.

[24] Wu D, Sun D-W. Potential of time series-hyperspectral imaging (TS-HSI) for non-invasive determination of microbial spoilage of salmon flesh [J]. Talanta, 2013, 111: 39-46.

[25] Huang L, Zhao J, Chen Q, et al. Rapid detection of total viable count (TVC) in pork meat by hyperspectral imaging [J]. Food Research International, 2013, 54(1): 821-828.

[26] Cheng J H, Sun D-W. Rapid and non-invasive detection of fish microbial spoilage by visible and near infrared hyperspectral imaging and multivariate analysis [J]. LWT-Food Science and Technology, 2015, 62(2): 1060-1068.

[27] Williams P C. Implementation of near-infrared technology [J]. Near-infrared Technology in the Agricultural and Food Industries, 2001, 2: 143.

[28] Tao F, Peng Y. A method for nondestructive prediction of pork meat quality and safety attributes by hyperspectral imaging technique [J]. Journal of Food Engineering, 2014, 126: 98-106.

第8章 肉品品质分级高光谱成像检测

8.1 引　言

在肉类工业中，肉品的品质鉴别或分类是质量控制的一个至关重要的阶段。然而，在肉类工业中，品质分类和控制主要采用人工辨别，这种主观方法需要大量劳动力、成本高。因此，现代肉品工业需要寻求快速准确和无损的方法用于肉品品质的快速鉴别。高光谱成像技术是一种新兴、无损、可靠的技术，它结合了计算机视觉与传统光谱技术的优点。因此，应用高光谱成像技术进行肉类品质分级引起了科研人员的重视。目前，高光谱成像技术已成功地应用于鉴别健康鸡与疾病鸡胴体[1]、猪肉的品质分级[2]，不同部位羊肉的快速鉴别[3]和新鲜鱼与冷冻—解冻鱼的辨别[4]。

8.2 不同来源的鸡肉高光谱分级

为了充分开发高光谱成像技术的图像与光谱优势，部分研究[4-6]已经开始探索光谱数据与图像数据的融合对于提高回归/分类模型准确性的可行性。例如，Zhu等[4]利用灰度共生矩阵（grey level co-occurrence matrix，GLCM）提取高光谱主成分图像的纹理信息，并结合特征光谱信息，实现新鲜鱼与冷冻—解冻鱼的快速辨别。该研究结果表明：基于数据融合建立的 LS-SVM 分类模型比仅基于特征光谱数据或纹理数据建立的分类模型获得了较高的分类准确率，准确率达到 97.22%。此外，Liu 等[5]从高光谱图像中提取出特征光谱信息和纹理信息后，在特征数据融合的基础上实现腌肉中 pH 的快速预测。结果显示：基于数据融合的 PLSR 预测模型虽然在预测精度上只是稍稍优于基于特征光谱数据建立的 PLSR 模型，但这项研究展示了光谱数据与图像数据的融合在提高无损检测精度上具有潜力。

鸡肉能提供丰富的蛋白质、脂类和微量元素，是人们日常生活中一种非常重要的肉类食品。鸡肉的品质优劣受到诸多因素的影响，如品种、性别、饲养方式和饲养水平。根据养殖方式和饲养水平，鸡的种类可以分为放养土鸡和普通肉鸡。放养土鸡是指那些放养在山林或果园中，养殖周期在 6 个月以上的鸡品种[7]。相反，普通肉鸡，又称为商品鸡，是指进行大规模工业化养殖且养殖周期较短（一般只有 3 个月）的鸡品种[7]。与普通肉鸡对比，放养土鸡有其特殊优势，如具有较强的环境适应能力、较高的疾病抵抗力和较好的繁殖能力[7]。此外，在肉质上，放养土鸡的肉质更美味、更富有营养，因而市场售价也往往更高。由于放养土鸡对于消费者来说价值更高，因此快速准确地鉴别放养土鸡与普通肉鸡对于肉类工业进行鸡肉定价、身份验证和种类区分有着重要意义。然而，目前还没有相关文献报道将高光谱成像技术应用于区分放养土鸡与普通肉鸡。因此，本研究的目的是融合高光谱图像的特征光谱数据与纹理数据实现放养土鸡与普通肉鸡的快速鉴别。图 8-1 清晰地展示了本研究的数据分析流程，主要包括选定感兴趣区域（ROIs）、提取特征光谱、图像主成分分析、提取图像纹理信息、数据融合和建立鉴别模型。

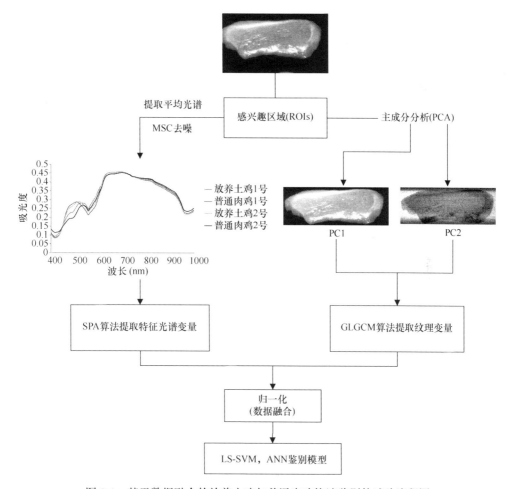

图 8-1　基于数据融合的放养土鸡与普通肉鸡快速鉴别的试验流程图

Figure 8-1　Flowchart of main steps for classification of different original chicken meats

图 8-2 展示不同类型土鸡与普通肉鸡在 400～1000 nm 的 MSC 平均光谱曲线。从图 8-2 可以看出 4 种鸡肉光谱曲线的大致趋势是相似的。然而，光谱吸光度值的变化程度有些不同，一方面也许是因为肉片厚度不均匀或者表面不均匀变化引起的光散射，另一方面也可能与肌肉的生物化学特性和质构特性有关。如图 8-2 所示，6 个主要的吸收波段出现在 430 nm、510 nm、550 nm、620 nm、730 nm 和 970 nm 附近。具体地，970 nm 左右的吸收波段主要是水分子中 O—H 键的二级倍频吸收带[8]，而 730 nm 左右的弱吸收波段主要与水分子中 O—H 键的三级倍频吸收带有关[8]。此外，550 nm 左右的吸收波段主要与肌红蛋白和血红蛋白中血红素吸收有关[9]，而 510 nm 和 620 nm 附近吸收波段则与高铁肌红蛋白和高铁血红蛋白中氧化血红素吸收有关[10]。

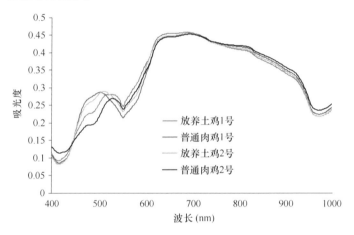

图 8-2　不同类型土鸡与普通肉鸡的 MSC 平均光谱曲线（另见彩图）
Figure 8-2　Average spectral curves of free-range and broiler chicken meats after MSC

在建模前，采用 MSC 方法对光谱进行预处理，减少光谱噪声。然后，基于 MSC 全波长光谱建立 LS-SVM 和 ANN 鉴别模型，其结果如表 8-1 所示。在表 8-1 中，LS-SVM 和 ANN 鉴别模型表现出相近的预测结果，其中 LS-SVM 鉴别模型预测集分类准确率为 90%，而 ANN 鉴别模型预测集分类准确率为 92.5%。尽管基于全波长光谱建立的鉴别模型取得了较好的结果，但从全波长光谱中提取出特征波长对于降低图像处理过程的运算负荷及简化鉴别模型有着重要意义。因此，本研究采用 SPA 方法筛选出 9 个特征波长(417 nm、516 nm、550 nm、578 nm、639 nm、669 nm、717 nm、925 nm 和 973 nm)。基于特征波长光谱，两个新的 LS-SVM 和 ANN 鉴别模型分别建立起来，其中简化 LS-SVM 鉴别模型预测集分类准确率为 90%，而简化 ANN 鉴别模型预测集分类准确率为 87.5%。与基于全波长的鉴别模型预测结果对比，基于特征波长光谱建立的鉴别模型表现出接近的预测结果，表明 SPA 方法适合且有能力识别和筛选出具有重要信息的波长。

表 8-1　基于不同特征信息建立的 LS-SVM 和 ANN 鉴别模型正确判别率（CCR）（%）

Table 8-1　CCR（%）for the LS-SVM and ANN models based on different key information

模型	特征信息	校正集（%）	预测集（%）
LS-SVM	基于全波长	100	90
	基于特征波长	97.5	90
	基于纹理变量	98.75	80
	基于特征波长+纹理变量	100	95
ANN	基于全波长	98.75	92.5
	基于特征波长	98.75	87.5
	基于纹理变量	85	77.5
	基于特征波长+纹理变量	100	92.5

在提取纹理变量前，挑选出主成分灰度图像是一个关键步骤，它会极大地影响预测准确性。因此，首先采用 PCA 对高光谱图像进行分析，提取出合适的主成分（PC）分量图像，从而完成高维数据的压缩和降维。结果，前两个主成分图像（PC1 和 PC2）（图 8-1）分别解释了 49.2% 和 46.1% 累积光谱方差，两者之和超过95%。因此，保存高光谱图像的前两个主成分图像，然后应用灰度梯度共生矩阵提取 PC1 和 PC2 图像的纹理变量。每张图各提取出 15 个纹理变量，共得到 30 个纹理变量，最后存于 30（变量数）×120（样本数）个纹理矩阵中。基于纹理变量，LS-SVM 和 ANN 鉴别模型分别建立起来，其中，LS-SVM 模型的预测集正确判别率为 80%，而 ANN 模型的预测集正确判别率为 77.5%。对比基于光谱数据建立的鉴别模型（表 8-1），采用纹理变量建立的鉴别模型表现出较低的预测准确率。这也许是因为光谱数据更多地解释鸡肉的内部属性（如肌肉中化学成分变化、组织结构变化等），与纹理变量反映的外部属性相比，内部属性的变化在鉴别放养土鸡与普通肉鸡上可能有更大的贡献。

为了解决特征光谱数据与纹理数据在数值上存在较大差异这一问题，本研究采用一种经典的平均值标准化方法来重新调节特征光谱数据与纹理数据。具体计算公式如下：

$$Y_{N,i} = \frac{Y_i}{\bar{Y}} \tag{8-1}$$

式中，$Y_{N,i}$ 为样本 i 的标准化数据；Y_i 为样本 i 的原始数据；$\bar{Y}$ 为所有数据的平均值。在数据归一化后，基于特征光谱数据与纹理数据的融合数据建立 LS-SVM 和 ANN 鉴别模型。其中，LS-SVM 模型的预测集正确判别率高，为 95%，而 ANN 模型的预测集正确判别率则为 92.5%（表 8-1）。与 ANN 鉴别模型相比，LS-SVM 鉴别模型显示出稍好的预测结果，反映出 LS-SVM 在挖掘样本中存在的复杂关系上具有较强的能力。此外，与仅基于特征光谱数据或者纹理数据建立的鉴别模型相比，基于数据融合的 LS-SVM 和 ANN 模型均表现出更高的分类准确率，这也许是因为基于融合数据建立的鉴别模型同时结合了鸡肉的外部属性和内部属性信息，更能充分解释不同种类鸡肉的品质变化。

8.3 不同储藏条件的鱼肉新鲜度高光谱分级

图 8-3 显示了 4 种储藏条件下（G1 为非冷冻新鲜样品；G2 为冷藏在 4℃、储藏 7 天的样品；G3 为冷冻在-20℃、储藏 30 天，然后 4℃解冻 12 h 的样品；G4 为冷冻在-40℃、储藏 30 天，然后 4℃解冻 12 h 的样品）草鱼片的平均反射光谱值的变化情况。从整体上来看，在 400～1000 nm 波段范围内，4 种储藏条件下的草鱼肉的光谱值呈现一个相似的总体变化趋势。不同的是，冷藏和冷冻—解冻样品的平均光谱值呈较大幅度的变化。与 G1 和 G2 样品相比，G3 和 G4 样品呈现较高的光谱反射值，这与 Uddin 和 Okazaki 利用近红外光谱[11]、Uddin 等利用可见近红外光谱[12]和 Zhu 等利用可见/近红外高光谱成像技术[4]来区分新鲜和冷冻—解冻鱼肉的研究结果基本一致。存在此差异的主要原因可能在于储藏温度对光谱值的影响。冷冻过程和解冻过程在一定程度上引起鱼肉的化学成分、物理特性和内部结构的改变。因此，与 4℃条件下的冷藏相比，低温冷冻保藏和解冻过程对鱼肉品质产生更大的影响作用。具体来说，在冷冻过程中（-20℃和-40℃），冰晶不同程度的生长能够引起鱼肉结缔组织的损伤、质构的崩塌以及各种细胞器的破坏和泄露[13,14]。从冰晶学的角度来讲，在冻结状态下，一般肉品中的酶分解和化学变化几乎都不能进行，这对于肉品的储藏和保鲜十分有益。但冰结晶的形成及冷藏中冰结晶的变大等对肉品的物理性状和组织性状以及食用时口感的影响却很大，因此，冰晶大小在评价鱼肉品质损坏和解冻过程中的汁液损失也起着重要的作用[15]。冷冻鱼肉在消费前的冷藏期间，冰结晶继续生长，一般难以做到大小均匀一致，通常生成大小不一的结晶。由于相对大的结晶表面水蒸气气压小，故冷藏中，小结晶的水蒸气逐渐移向大结晶，即大结晶成长得更大，直至小结晶消失。由于鱼肉的肌细胞为细长的纤维状，有相当弹力的肌纤维鞘包在细胞膜外，鞘中肌原纤维规则整齐地排列着，肌纤维成束外面包围着结缔组织，并形成肌肉，进而肌肉以结缔组织组成的厚膜所包裹。这些厚的、有弹性的结缔组织在冰结晶形成时，保护肌肉细胞组织，在解冻时也有促进复原的作用[15]。若将冻结鱼肉解冻，则肉质成为多孔性的海绵状。同时，细胞由胶质状的原形质组成，在形成冰结晶的过程中胶质脱水，因而随着结晶的生成，未结晶部分的残液的可溶性物质的浓度逐渐增高，在细胞内外形成浓度差，产生不同的渗透压。所以，解冻即使使冰结晶恢复成原来的水，也不可能再恢复到原来的胶质状态（即新鲜状态）。另外，冷冻速率也起着较大的影响作用。与-20℃条件下冷冻相比，-40℃

冷冻呈现较高的冷冻速率，产生更多的较小的冰晶和较为均匀地分布，产生较小品质损害[4]。急速冷却和缓慢冷却两者通过最大冰结晶生成带的时间非常不同，越慢则时间越长，而且容易引起过冷现象。另外，急速冻结，则动植物食品细胞中的冰结晶小而多，缓冻形成的结晶大而少。另外一方面，在接下来的解冻过程中，快速冷冻（−40℃）会产生较少的汁液损失，能够维持鱼肉的品质，正如图 8-3 显示，G4 样品的反射值的水平要低于 G3 样品的反射值的水平。从另外一个角度考虑，在图 8-3 中，有一个明显的重要的吸收峰位于 560 nm 处，这可能与鱼肉中的虾青素和角黄素的吸收有关[16]。另一个重要的吸收峰位于 970 nm 处，这与水中的 O—H 键伸缩振动有关[17]。

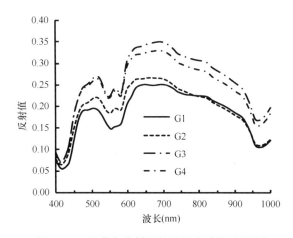

图 8-3　4 组草鱼片样品的平均光谱特征曲线

Figure 8-3　Average spectral features of four groups of tested grass carp fillets

本研究中所采用的 4 种分类器（SIMCA、PLS-DA、LS-SVM 和 PNN）的分类性能优劣用 CCR 来评价。表 8-2 显示了在全波段范围内基于 4 种光谱预处理方法分类模型校正集和预测集的 CCR 结果分析。很明显，利用原始波段信息建立的所有分类模型的预测集的 CCR 都小于 90%。与 LS-SVM 和 PLS-DA 相比较，SIMCA 和 PNN 两种分类器呈现了较好的校正性能（100%）和预测性能（88.57%）。为了提高 4 种分类器的预测性能，4 种光谱预处理方法如 MSC、SNV、1ST 和 2ND 分别用来对原始光谱数据进行处理。从表 8-2 可以看出，MSC 方法处理后并没有提高 4 种分类器的预测性能，其平均 CCR 值小于 88%，这意味着与原始数据相比，在一定程度上，MSC 并不能有效地增强分类器的预测精度。经过 SNV 处理后，PNN 分类器的预测精度从 88.57% 提高到 91.34%，增加了 2.77%。然而，其他三类分类器的 CCR 值都较低，呈现了较差的性能。可见不同的光谱预处理技术影响着不同分类器的预测精度。必要时对光谱进行预处理，一定程度上能够提高模型的可靠性和准确性。关于利用求导方法对光谱预处理的研究，主要分一阶求导（1ST）和二阶求导（2ND）。基于 1ST 求导分析，3 种分类器如 SIMCA、LS-SVM和 PNN 都呈现了最好的分类性能，CCR 值达到了最大值（94.29%），使分类模型的精度和可靠性提高了 6%。以上研究结果表明，1ST 求导光谱预处理方法在分类模型建立和预测精度提高方面起着重要的作用。另外，基于 2ND 光谱预处理方法，分类器 PNN 也显示了较高的 CCR 值（92.34%）。综上分析及表 8-2，在 4 种光谱预处理方法中，一阶求导分析在分类模型建立上表现出了巨大的优势。与其他分类器相比，PNN 分类器在模型预测精度和性能提高方面也显示了其强大的能力。因此，集成高光谱成像技术和 PNN 分类器，结合 1ST 光谱预处理方法可以成功识别新鲜和冷藏过的草鱼片。

表 8-2　基于全波段和最优波段的分类模型的统计分析结果

Table 8-2　Statistic analysis of classification models based on full and optimal wavelengths

光谱预处理	分类器	全波段		最优波段	
		校正集 CCR（%）	预测集 CCR（%）	校正集 CCR（%）	预测集 CCR（%）
原始	SIMCA	**100**	88.57	91.46	77.14
	PLS-DA	89.02	82.86	78.05	68.57
	LS-SVM	96.34	85.71	91.46	**82.86**
	PNN	**100**	88.57	95.12	78.57
MSC	SIMCA	96.34	82.86	84.15	71.43
	PLS-DA	84.88	84.29	47.56	51.43
	LS-SVM	**100**	85.71	98.78	75.71
	PNN	**100**	87.14	62.20	60.00
SNV	SIMCA	96.34	82.86	92.68	85.71
	PLS-DA	87.80	85.71	76.83	68.57
	LS-SVM	96.34	85.71	93.90	80.00
	PNN	**100**	91.34	**100**	86.46
1ST	SIMCA	**100**	**94.29**	95.12	65.71
	PLS-DA	91.46	80.00	80.49	68.57
	LS-SVM	**100**	**94.29**	**100**	**91.43**
	PNN	**100**	**94.29**	100	88.57
2ND	SIMCA	98.78	85.71	91.46	71.43
	PLS-DA	97.56	85.71	79.27	77.14
	LS-SVM	100	85.71	98.78	80.00
	PNN	**100**	92.34	**100**	85.71

基于特征波段分类性能的分析，在本研究中，如图 8-4 所示，采用 SPA 提取

出 7 个最优波长分别为 446 nm、528 nm、541 nm、596 nm、660 nm、759 nm 和 970 nm 作为最为有效的波长来替代全波长建立更为简单高效的分类模型。

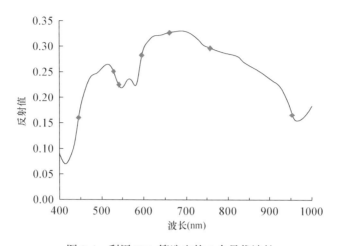

图 8-4　利用 SPA 筛选出的 7 个最优波长

Figure 8-4　Selection of seven optimal wavelengths by SPA

表 8-2 显示了基于 7 个最优波长建立的分类模型的性能和 CCR 值。如表 8-2 所示，利用没有进行光谱预处理的原始光谱所建立的模型的预测精度较低，其最高的 CCR 值为 82.86%。在采用了光谱预处理方法后，不论哪一种预处理技术，4 种分类器都呈现了较差的性能和较低的预测精度。其中，LS-SVM 分类器耦合一阶求导处理产生较满意的预测性能，CCR 值达到最大值为 91.43%，基本上接近全波段预测时的 CCR 值（94.29%），相差 2.86%。

另外，表 8-3 展示了基于 LS-SVM 和一阶求导处理每组草鱼片样品的正确分类率。每一组的 CCR 值都在 90% 以上，G2 和 G3 的预测 CCR 值都为 93.33%，但是误判的样品来源不一样。G2 样品预测过程中，正确样品量为 28 个，错误样品量为 2 个，其中，1 个误判为 G1，另 1 个误判为 G3。对于 G3 样品来说，正确样品量也为 28 个，错误样品量为 2 个，其中，1 个误判为 G1，另 1 个误判为 G4。出现误判的原因可能是与储藏温度有关，温度的波动性变化引起样品的新鲜程度出现较大或较小的差异。G1 作为未经任何处理的样品，全部判断为新鲜的样品，准确率为 100%，由此可见分类模型具有较高的可靠性和精确度。

然而，作为一个基础性、探索性的研究，在未来的实验中，需要扩大检测样本的数量来提高校正和预测模型的精度和准确度。总之，经最优波段简化之后的分类模型展示了和全波段几乎一样的 CCR 值，这表明，SPA 用来选择最优波长是合适的，更重要的是，该研究证实了利用最优波长建立多光谱成像系统实现在线检测是可行的。

表 8-3　基于 LS-SVM 和一阶求导处理每组的正确分类率

Table 8-3　Classification of each group based on LS-SVM and 1ST pre-processing techniques

类型	样品数	预测类型				CCR（%）
		G1	G2	G3	G4	
G1	30	30	0	0	0	100
G2	30	1	28	1	0	93.33
G3	30	1	0	28	1	93.33
G4	30	1	0	2	27	90

　　基于高光谱成像技术能够实现可视化的优势,借助特征波长建立的优化模型,可以把高光谱成像技术发展为多光谱成像技术,同时可以依据其中的一个或者多个关键指标建立预测模型,融合优化升级成像系统,可以构建实现实时在线检测的多光谱成像系统。图 8-5 为初步设计成的鱼肉可视化在线分级检测系统。这样可以快速无损地代替人力直接判定鱼肉是否新鲜并进行等级划分,这样不仅可以大大节约检测时间,还为相关肉品企业提供了智能化生产、加工与质量安全监控技术。

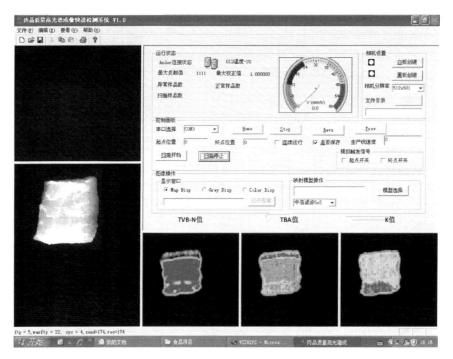

图 8-5　基于可视化分布的鱼片生产线在线分级检测系统（另见彩图）

Figure 8-5　On-line detection system based on visualization distribution map

主要参考文献

[1] Chao K, Yang C C, Kim M S, et al. High throughput spectral imaging system for wholesomeness inspection of chicken [J]. Applied Engineering in Agriculture, 2008, 24(4): 475-485.

[2] Jun Q, Ngadi M, Wang N, et al. Pork quality classification using a hyperspectral imaging system and neural network [J]. International Journal of Food Engineering, 2007, 3(1): 1-12.

[3] Kamruzzaman M, ElMasry G, Sun D-W, et al. Application of NIR hyperspectral imaging for discrimination of lamb muscles [J]. Journal of Food Engineering, 2011, 104(3): 332-340.

[4] Zhu F, Zhang D, He Y, et al. Application of visible and near infrared hyperspectral imaging to differentiate between fresh and frozen–thawed fish fillets [J]. Food and Bioprocess Technology, 2013, 6(10): 2931-2937.

[5] Liu D, Pu H, Sun D-W, et al. Combination of spectra and texture data of hyperspectral imaging for prediction of pH in salted meat [J]. Food Chemistry, 2014, 160: 330-337.

[6] Huang L, Zhao J, Chen Q, et al. Rapid detection of total viable count (TVC) in pork meat by hyperspectral imaging [J]. Food Research International, 2013, 54(1): 821-828.

[7] Niu D, Fu Y, Luo J, et al. The origin and genetic diversity of Chinese native chicken breeds [J]. Biochemical Genetics, 2002, 40(5-6): 163-174.

[8] He H J, Wu D, Sun D-W. Non-destructive and rapid analysis of moisture distribution in farmed Atlantic salmon (*Salmo salar*) fillets using visible and near-infrared hyperspectral imaging [J]. Innovative Food Science & Emerging Technologies, 2013, 18: 237-245.

[9] Cheng J, Qu J H, Sun D-W, et al. Visible/near-infrared hyperspectral imaging prediction of textural firmness of grass carp (*Ctenopharyngodon idella*) as affected by frozen storage [J]. Food Research International, 2014, 56: 190-198.

[10] Sivertsen A H, Heia K, Hindberg K, et al. Automatic nematode detection in cod fillets (*Gadus morhua* L.) by hyperspectral imaging [J]. Journal of Food Engineering, 2012, 111(4): 675-681.

[11] Uddin M, Okazaki E. Classification of fresh and frozen-thawed fish by near-infrared Spectroscopy [J]. Journal of Food Science, 2004, 69(8): 665-668.

[12] Uddin M, Okazaki E, Turza S, et al. Nondestructive visible/NIR spectroscopy for differentiation of fresh and frozen-thawed fish [J]. Journal of Food Science, 2005, 70(8): 506-510.

[13] Benjakul S, Visessanguan W, Thongkaew C, et al. Comparative study on physicochemical changes of muscle proteins from some tropical fish during frozen storage [J]. Food Research International, 2003, 36(8): 787-795.

[14] Kiani H, Sun D-W. Water crystallization and its importance to freezing of foods: A review [J]. Trends in Food Science & Technology, 2011, 22(8): 407-426.

[15] Li B, Sun D-W. Novel methods for rapid freezing and thawing of foods—a review [J]. Journal of Food Engineering, 2002, 54(3): 175-182.

[16] Kimiya T, Sivertsen A H, Heia K. VIS/NIR spectroscopy for non-destructive freshness assessment of Atlantic salmon (*Salmo salar* L.) fillets [J]. Journal of Food Engineering, 2013, 116(3): 758-764.

[17] Cheng J H, Sun D-W, Zeng X A, et al. Non-destructive and rapid determination of TVB-N content for freshness evaluation of grass carp (*Ctenopharyngodon idella*) by hyperspectral imaging [J]. Innovative Food Science & Emerging Technologies, 2014, 21: 179-187.